广西农作物种质资源

丛书主编 邓国富

花生卷

唐荣华 韩柱强 钟瑞春 等 著

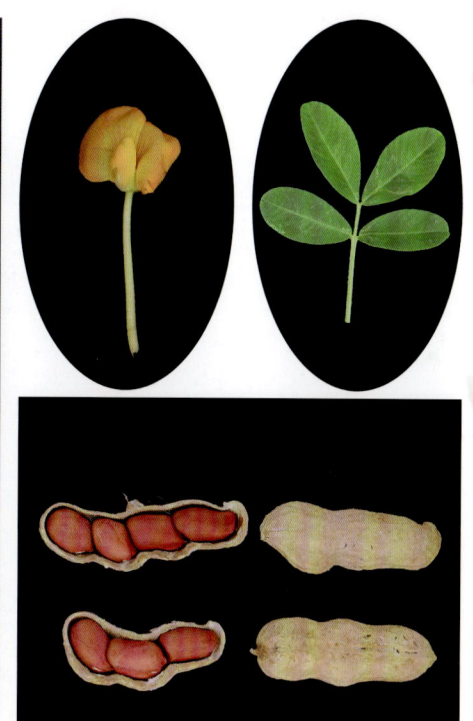

科学出版社

北京

内 容 简 介

在"第三次全国农作物种质资源普查与收集行动"和"广西农作物种质资源收集鉴定与保存"的基础上,结合以往相关研究工作,本书概述了广西花生种质资源的类型分布、历史来源,以及普查收集、保存评价和利用情况;选录了223份有较高利用价值的花生种质资源,图文并茂,介绍了它们的采集地、类型及分布、主要特征特性和利用价值。

本书主要面向从事花生种质资源保护、研究和利用的科技工作者,大专院校师生,农业管理部门工作者,以及花生种植及加工人员等,旨在提供广西花生种质资源的有关信息,促进花生种质资源的有效保护和可持续利用。

图书在版编目(CIP)数据

广西农作物种质资源. 花生卷/唐荣华等著. —北京:科学出版社,2020.6
ISBN 978-7-03-065192-1

Ⅰ. ①广⋯ Ⅱ. ①唐⋯ Ⅲ. ①花生–种质资源–广西 Ⅳ. ①S32

中国版本图书馆CIP数据核字(2020)第086521号

责任编辑:陈 新 李 迪 尚 册/责任校对:郑金红
责任印制:肖 兴/封面设计:金舵手世纪

科学出版社 出版
北京东黄城根北街16号
邮政编码:100717
http://www.sciencep.com

北京九天鸿程印刷有限责任公司 印刷
科学出版社发行 各地新华书店经销
*

2020年6月第 一 版 开本:787×1092 1/16
2020年6月第一次印刷 印张:15 1/2
字数:367 000

定价:268.00元
(如有印装质量问题,我社负责调换)

"广西农作物种质资源"丛书编委会

主　编
邓国富

副主编
李丹婷　刘开强　车江旅

编　委
（以姓氏笔画为序）

卜朝阳	韦　弟	韦绍龙	韦荣福	车江旅	邓　彪
邓杰玲	邓国富	邓铁军	甘桂云	叶建强	史卫东
尧金燕	刘开强	刘文君	刘业强	闫海霞	江禹奉
祁亮亮	严华兵	李丹婷	李冬波	李秀玲	李经成
李春牛	李博胤	杨翠芳	吴小建	吴建明	何芳练
张　力	张自斌	张宗琼	张保青	陈天渊	陈文杰
陈东奎	陈怀珠	陈振东	陈雪凤	陈燕华	罗高玲
罗瑞鸿	周　珊	周生茂	周灵芝	郎　宁	赵　坤
钟瑞春	段维兴	贺梁琼	夏秀忠	徐志健	唐荣华
黄　羽	黄咏梅	曹　升	望飞勇	梁　江	梁云涛
彭宏祥	董伟清	韩柱强	覃兰秋	覃初贤	覃欣广
程伟东	曾　宇	曾艳华	曾维英	谢和霞	廖惠红
樊吴静	黎　炎				

审　校
邓国富　李丹婷　刘开强

本书著者名单

主要著者
唐荣华　韩柱强　钟瑞春　贺梁琼

其他著者
（以姓氏笔画为序）
王明释　吴海宁　唐秀梅　黄志鹏　蒋　菁　熊发前

Foreword 丛 书 序

农作物种质资源是农业科技原始创新、现代种业发展的物质基础，是保障粮食安全、建设生态文明、支撑农业可持续发展的战略性资源。近年来，随着自然环境、种植业结构和土地经营方式等的变化，大量地方品种迅速消失，作物野生近缘植物资源急剧减少。因此，农业部（现称农业农村部）于2015年启动了"第三次全国农作物种质资源普查与收集行动"，以查清我国农作物种质资源本底，并开展种质资源的抢救性收集。

广西壮族自治区（后简称广西）是首批启动"第三次全国农作物种质资源普查与收集行动"的省（区、市）之一，完成了75个县（市）农作物种质资源的全面普查，以及22个县（市、区）农作物种质资源的系统调查和抢救性收集，基本查清了广西农作物种质资源的基本情况，结合广西创新驱动发展专项"广西农作物种质资源收集鉴定与保存"，收集各类农作物种质资源2万余份，开展了系统的鉴定评价，筛选出一批优异的农作物种质资源，进一步丰富了我国农作物种质资源的战略储备。

在此基础上，广西农业科学院系统梳理和总结了广西农作物种质资源工作，组织全院科技人员编撰了"广西农作物种质资源"丛书。丛书详细介绍了广西农作物种质资源的基本情况、优异资源及创新利用等情况，是广西开展"第三次全国农作物种质资源普查与收集行动"和实施广西创新驱动发展专项"广西农作物种质资源收集鉴定与保存"的重要成果，对于更好地保护与利用广西的农作物种质资源具有重要意义。

值此丛书脱稿之际，作此序，表示祝贺，希望广西进一步加强农作物种质资源保护，深入推动种质资源共享利用，为广西现代种业发展和乡村振兴做出更大的贡献。

中国工程院院士 刘 旭

2019年9月

Preface 丛书前言

广西地处我国南疆，属亚热带季风气候区，雨水丰沛，光照充足，自然条件优越，生物多样性水平居全国前列，其生物资源具有数量多、分布广、特异性突出等特点，是水稻、玉米、甘蔗、大豆、热带果树、蔬菜、食用菌、花卉等种质资源的重要分布地和区域多样性中心。

为全面、系统地保护优异的农作物种质资源，广西积极开展农作物种质资源普查与收集工作。在国家有关部门的统筹安排下，广西先后于1955~1958年、1983~1985年、2015~2019年开展了第一次、第二次、第三次全国农作物种质资源普查与收集行动，还于1978~1980年、1991~1995年、2008~2010年分别开展了广西野生稻、桂西山区、沿海地区等单一作物或区域性的农作物种质资源考察与收集行动。

广西农业科学院是广西农作物种质资源收集、保护与创新利用工作的牵头单位，种质资源收集与保存工作成效显著，为国家农作物种质资源的保护和创新利用做出了重要贡献。经过一代又一代种质资源科技工作者的不懈努力，全院目前拥有野生稻、花生等国家种质资源圃2个，甘蔗、龙眼、荔枝、淮山、火龙果、番石榴、杨桃等省部级种质资源圃7个，保存农作物种质资源及相关材料8万余份，其中野生稻种质资源约占全国保存总量的1/2、栽培稻种质资源约占全国保存总量的1/6、甘蔗种质资源约占全国保存总量的1/2、糯玉米种质资源约占全国保存总量的1/3。通过创新利用这些珍贵的种质资源，广西农业科学院创制了一批在科研、生产上发挥了巨大作用的新材料、新品种，例如：利用广西农家品种"矮仔占"培育了第一个以杂交育种方法育成的矮秆水稻品种，引发了水稻的第一次绿色革命——矮秆育种；广西选育的桂99是我国第一个利用广西田东普通野生稻育成的恢复系，是国内应用面积最大的水稻恢复系之一；创制了广西首个被农业部列为玉米生产主导品种的桂单0810、广西第一个通过国家审定的糯玉米品种——桂糯518，桂糯518现已成为广西乃至我国糯玉米育种史上的标志性品种；利用收集引进的资源还创制了我国种植比例和累计推广面积最大的自育甘蔗品种——桂糖11号、桂糖42号（当前种植面积最大）；培育了一大批深受市场欢迎的水果、蔬菜特色品种，从钦州荔枝实生资源中选育出了我国第一个国审荔枝新品种——贵妃红，利用梧州青皮冬瓜、北海粉皮冬瓜等育成了"桂蔬"系列黑皮冬瓜（在华南地区市场占有率达60%以上）。1981年建成的广西农业科学院种质资源库是我国第一座现代化农作物种质资源库,是广西乃至我国农作物种质资源保护和创新利用的重要平台。这些珍贵的种质资源和重要的种质创新平台为推动我国种质创新、提高生物育种效率发挥了重要作用。

广西是 2015 年首批启动"第三次全国农作物种质资源普查与收集行动"的 4 个省（区、市）之一,圆满完成了 75 个县（市）主要农作物种质资源的普查征集,全面完成了 22 个县（市、区）农作物种质资源的系统调查和抢救性收集。在此基础上,广西壮族自治区人民政府于 2017 年启动广西创新驱动发展专项"广西农作物种质资源收集鉴定与保存"（桂科 AA17204045）,首次实现广西农作物种质资源收集区域、收集种类和生态类型的 3 个全覆盖,是广西目前最全面、最系统、最深入的农作物种质资源收集与保护行动。通过普查行动和专项的实施,广西农业科学院收集水稻、玉米、甘蔗、大豆、果树、蔬菜、食用菌、花卉等涵盖 22 科 51 属 80 种的种质资源 2 万余份,发现了 1 个兰花新种和 3 个兰花新记录种,明确了贵州地宝兰、华东葡萄、灌阳野生大豆、弄岗野生龙眼等新的分布区,这些资源对研究物种起源与进化具有重要意义,为种质资源的挖掘利用和新材料、新品种的精准创制奠定了坚实的基础。

为系统梳理"第三次全国农作物种质资源普查与收集行动"和"广西农作物种质资源收集鉴定与保存"的项目成果,全面总结广西农作物种质资源收集、鉴定和评价工作,为种质资源创新和农作物育种工作者提供翔实的优异农作物种质资源基础信息,推动农作物种质资源的收集保护和共享利用,广西农业科学院组织全院 20 个专业研究所 200 余名专家编写了"广西农作物种质资源"丛书。丛书全套共 12 卷,分别是《水稻卷》《玉米卷》《甘蔗卷》《果树卷》《蔬菜卷》《花生卷》《大豆卷》《薯类作物卷》《杂粮卷》《食用豆类作物卷》《花卉卷》《食用菌卷》。丛书系统总结了广西农业科学院在农作物种质资源收集、保存、鉴定和评价等方面的工作,分别概述了水稻、玉米、甘蔗等广西主要农作物种质资源的分布、类型、特色、演变规律等,图文并茂地展示了主要农作物种质资源,并详细描述了它们的采集地、主要特征特性、优异性状及利用价值,是一套综合性的种质资源图书。

在种质资源收集、鉴定、入库和丛书编撰过程中,农业农村部特别是中国农业科学院等单位领导和专家给予了大力支持和指导。丛书出版得到了"第三次全国农作物种质资源普查与收集行动"和"广西农作物种质资源收集鉴定与保存"的经费支持。中国工程院院士、著名植物种质资源学家刘旭先生还专门为丛书作序。在此,一并致以诚挚的谢意。

广西农业科学院院长

2019 年 9 月

Contents 目 录

第一章 广西花生种质资源概述……1

第二章 广西栽培花生种质资源……7
第一节 珍珠豆型花生……8
第二节 龙生型花生……121
第三节 普通型花生……186
第四节 多粒型花生……211

参考文献……231
索引……232

第一章
广西花生种质资源概述

一、广西花生种质资源的来源、类型和分布

广西地处华南，位于北纬20°54～26°24′、东经104°28～112°04′，北回归线横贯其中部；东连广东，南邻北部湾，西邻云南，东北接湖南，西北靠贵州，西南与越南接壤；境内有壮族、汉族、瑶族、苗族、侗族、仫佬族、毛南族、回族、京族、彝族、水族、仡佬族等12个世居民族。广西总体上是山地丘陵性盆地地貌，山地约占土地总面积的39.7%，丘陵占10.3%；平地（包括谷地、河谷平原、山前平原、三角洲及低平台山）占26.9%。广西属亚热带季风气候区，年平均气温为17.5～23.5℃；气候温暖，雨水丰沛，光照充足。大部分地区春、秋两季均有花生栽培。

广西是多民族聚居地区，不同地域、不同民族在历史演变过程中，因各地不同的地理气候和人文特点形成了各具特色的农耕文化。由于历史上交通闭塞、与外界交流不畅等因素，各地的花生品种在一个相对闭塞的环境中的种植时间都比较长，在适应生态环境的自然选择和人类有目的地选择改良作用下，逐步孕育出许多富有地方特色的花生种质资源。例如，桂北地区的恭城瑶族自治县等地，当地群众在喝油茶时喜欢用油炸花生仁作为佐料，因此当地的花生种质资源大多小粒、香脆、壳薄、饱满；在崇左市宁明县等与越南邻近的一些地区，小粒、种皮深红的花生种质资源比较多；在贺州市、梧州市等青枯病高发的桂东地区，抗青枯病的花生种质资源比较多。从品种类型来看，广西花生种质资源包含了珍珠豆型、多粒型、普通型和龙生型四大类型，类型内表型变异也比较丰富。但从荚果的大小看，广西花生种质资源基本属于小果类型，平均百果重小于150g，平均百仁重小于70g，与广西土壤偏酸低钙有关。

学界主流观点认为，花生起源于南美洲，后来通过各种不同的途径传入我国。虽然国内也有人认为花生起源于中国，但目前尚缺乏足够令人信服的证据。对于花生传入中国的时间，中外学者持有不同的观点：外国学者认为花生是在哥伦布发现新大陆后传到中国东南沿海的，在16世纪中叶；我国多数学者依据我国古农书和地方志的记载认为，花生传入我国的时间早于哥伦布发现新大陆的1492年。

关于广西花生种质资源的来源，能找到的史料记载较为有限。根据《广西油料作物史》的描述：民国二十九年（1940年）《柳城县志》记载有"落花生俗称花生果……相传清康熙时，僧应元往扶桑觅其种寄回"；清乾隆二十一年（1756年）《镇安府志》亦记载有落花生；乾隆四十五年（1780年）《兴业县志》物产部分记载有"落花生之类皆美品，非特产也"。1929年前后，从越南引入安南豆（20世纪50年代更名为越南豆）；30年代初，从美国和马来西亚引入抗枯萎病的花生种质资源。除上述记载外，笔者认为，广西花生种质资源的来源应该还有从邻近地区如广东、福建等省传入等途径。

早期收集保存的广西花生种质资源，依类型分为珍珠豆型、普通型、龙生型，没

有收集到多粒型；依生长习性分为蔓生型、半蔓生型和直立型。但在2015～2018年收集的花生种质资源中，依类型看，主要是珍珠豆型及少量多粒型，没有收集到龙生型和普通型；依生长习性看，主要是直立型，蔓生型和半蔓生型已经很少。

广西花生主要分布于西江、南流江、钦江及湘江流域的丘陵红壤和沿河冲积地带。新中国成立之前，广西103个县中除龙胜县没有记载外，其余各县均有花生种植，但以桂平、贵县、郁林、永淳（今属横县）、宾阳、武鸣、武宣、象县、柳江等地种植较多。新中国成立之后，主要分布区域总体上没有多大变化。以当前的行政区域划分，南宁市、贵港市、桂林市、玉林市、北海市、梧州市、来宾市、贺州市为主产区，其次是柳州市、钦州市、崇左市，而百色市、防城港市和河池市种植面积少、年度总产不到1万吨。

二、广西花生种质资源的收集保存和鉴定评价

20世纪50年代中期以来，在国家有关部门的统筹安排下，广西先后开展了多次不同规模的花生种质资源收集行动。

1956～1957年，广西第一次开展了大范围花生地方品种的普查收集行动，遍及广西55个县，共收集保存花生种质资源479份（含区外种质资源65份），其中蔓生型224份、半蔓生型50份、直立型205份。

1980～1982年，广西通过各种途径又收集到花生种质资源13份。1983～1985年，根据全国农作物品种资源会议要求开展农作物品种补充收集活动，广西补充收集花生种质资源41份。

1986～1990年和1992～1994年，在国家级项目"花生种质资源繁种和主要性状鉴定研究"和"花生种质资源繁种鉴定和优异种质利用评价研究"的支持下，广西补充收集到105份地方花生种质。1991～1995年，开展桂西山区农作物资源考察收集活动，收集到一批地方花生种质资源。

2004～2008年，在中国农业科学院油料作物研究所的部署下，广西再次开展花生种质资源收集行动，收集到各类花生种质资源200份。

2015～2019年，在"第三次全国农作物种质资源普查与收集行动"和"广西农作物种质资源收集鉴定与保存"两个项目的支持下，广西对全区14个地级市111个县（市、区）的花生种质资源再一次进行系统调查，收集到花生种质资源188份。

20世纪70年代中期以来，花生种质资源的鉴定评价工作开始系统地开展。

1975年，中国农业科学院油料作物研究所主持全国有关省（区、市）农业科学院所进行花生品种资源编目工作。经过整理、归并，广西当时保存的360份花生种质资源入编全国种质资源目录的有203份，其中珍珠豆型89份、龙生型62份、普通型52份。

1978年，广西开展地方花生种质资源粗蛋白质的分析评价，筛选出粗蛋白质含量超过30%的高蛋白种质资源24份，其中直立型15份、蔓生型9份。1978~1981年，广西开展种质资源青枯病的抗性鉴定，筛选出抗病性稳定的蔓生型高抗品种6份，包括横县塔圩花生、飞龙乡花生、宜山花生、永福大子花生、北流茶树豆和宁明五区峙行。

1981~1984年，广西开展花生种质资源锈病的抗性鉴定，没有发现高抗锈病的种质资源。1988年，对204份广西花生种质资源进行了脂肪酸组分分析：各种质资源的油酸与亚油酸的比值（油亚比）均大于1，其平均比值为2.18，最高比值达4.01。1987~1989年，对313份广西花生种质资源进行锈病、黑斑病、褐斑病的抗性鉴定，筛选出中抗黑斑病种质资源23份，包括北流小豆、容县小花生、矮藤等；绝大部分种质资源对褐斑病的抗性达中抗以上；除24份珍珠豆型地方品种感病外，其他种质资源对褐斑病的抗性都较强。

1986~1990年和1992~1994年，在国家级项目"花生种质资源繁种和主要性状鉴定研究"和"花生种质资源繁种鉴定和优异种质利用评价研究"的支持下，广西对前期收集保存的种质资源进行整理、归并，并补充收集到105份种质资源，总共繁种入国家种质库的种质资源311份，包括龙生型150份、丛生型150份、国外资源11份。

1999~2008年，利用微软Access数据库软件把广西花生种质资源性状观测数据和鉴定评价结果输入计算机，创建了广西花生种质资源数据库，使花生种质资源的查询、利用实现了电子化。

2015~2019年，在"第三次全国农作物种质资源普查与收集行动"和"广西农作物种质资源收集鉴定与保存"两个项目的支持下，对近期收集和历史上收集保存的广西花生种质资源再次进行系统的种植观察、鉴定和评价。

三、广西花生种质资源的创新利用

广西收集和保存的地方花生种质资源是广西开展花生种质创新、新品种选育及相关基础研究的重要材料。

1963~1964年，广西农业科学院经济作物研究所利用越南豆、博白大花生、贺县大花生、柳州鸡嘴豆等地方花生种质资源为杂交亲本，组配杂交组合：伏花生×越南豆、（粤油3号×博白大花生）×（遁地雷×一窝猴）、贺县大花生×粤油3号和（粤油3号×博白大花生）×（伏花生×柳州鸡嘴豆）。这些组合在20世纪70年代初分别选育出三伏花生、桂伏花生、贺粤1号、贺粤2号、广柳等优良花生新品种，对当时广西花生生产起到了重要作用。

1972~1980年，广西农业科学院经济作物研究所利用上述带有广西地方花生种质亲缘的品种材料，通过花生辐射育种技术从贺粤1号和广柳辐射后代中分别选育出

1025和145两个优良品系。广西农学院通过杂交育种从杂交组合广柳×粤油551的后代中育成新品种——广粤37-2。

20世纪90年代初期，广西梧州地区农业科学研究所利用贺县马峰大花生为杂交亲本，从组合贺县马峰大花生×协抗青的后代中育成新品种——梧油1号。后来，又从组合梧油1号×PI393518的后代中育成高抗青枯病的新品种——梧油4号。

1992～1995年，高国庆等从种质资源中筛选出超小粒1号、超小粒2号两份高抗黄曲霉毒素的抗性资源。

1982～2000年，以带有广西地方花生种质亲缘的品种材料贺粤1号为亲本，通过栽野杂交［贺粤1号×二倍体野生种（*Arachis correntina*）］，在其三倍体自然加倍后代中经过多年定向选择和鉴定，选育出优质高产花生新品种——桂花20、桂花22。

1988～2005年，以带有广西地方花生种质亲缘的品种材料贺粤1号为亲本，通过栽野杂交［贺粤1号×四倍体半野生种（*Arachis monticola*）］、后代回交、定向选择和鉴定，选育出高产抗病花生新品种——桂花26、桂花30。

2004～2008年，通过系统选育方法，从北流市甘村红皮花生、平南县罗容村红皮花生和玉林市名山镇红皮花生资源中育成桂花红35、桂花红95、桂花红166等3个高钙、高蛋白质含量的鲜食型红皮花生新品种。

为了进一步推进广西地方花生种质资源的收集、保护、创新和共享利用，在"第三次全国农作物种质资源普查与收集行动"和"广西农作物种质资源收集鉴定与保存"两个项目的支持下，我们对近期收集和历史上收集保存的广西花生种质资源进行了系统梳理，选择了223份具有较高利用价值的花生种质资源，以图文形式介绍种质资源的基本情况。在收录的花生种质资源中，包括了近几年收集的73份花生种质资源和历史上不同时期收集的150份花生种质资源。其中，珍珠豆型花生种质资源有113份（近年收集的53份，历史上不同时期收集的60份）；龙生型和普通型花生种质资源分别有65份、25份，均为20世纪50～60年代收集的地方品种；多粒型花生种质资源有20份，均为近几年收集的品种。下文所列各种质资源的农艺性状数据，均为在南宁种植鉴定时的性状数据平均值。

第二章
广西栽培花生种质资源

第一节 珍珠豆型花生

1. 南坡红皮花生

【采集地】广西百色市靖西市南坡乡达腊村。

【类型及分布】珍珠豆型花生,分布于靖西市南坡乡及周边地区。

【主要特征特性】在南宁种植,生育期为118天,株型直立,疏枝,连续开花。荚果普通形,中间缢缩轻微,果嘴中等,荚果网纹明显,种子圆柱形,种皮深红色。主茎高82.8cm,第一对侧枝长86.7cm,主茎、侧枝长而软,后期易倒伏;总分枝7.0条,单株结果数16个,单株生产力17.6g。百果重162.9g,百仁重59.8g,出仁率69.9%。粗脂肪含量51.65%,粗蛋白质含量28.55%,油酸含量49.95%,亚油酸含量34.76%,油亚比1.44。

【利用价值】可直接应用于鲜食红皮花生生产,也可用作红皮花生育种亲本。

2. 莲灯花生

【采集地】广西百色市凌云县玉洪瑶族乡莲灯村。

【类型及分布】珍珠豆型花生，分布于凌云县玉洪瑶族乡及周边地区。

【主要特征特性】在南宁种植，生育期为123天，株型直立，疏枝，连续开花。荚果普通形，中间缢缩轻微，果嘴轻微，荚果网纹中等到明显，种子圆形，种皮粉红色。主茎高39.6cm，第一对侧枝长47.1cm，总分枝9.0条，单株结果数19个，单株生产力23.4g。百果重189.7g，百仁重72.6g，出仁率71.9%。粗脂肪含量49.71%，粗蛋白质含量26.96%，油酸含量49.92%，亚油酸含量32.94%，油亚比1.52。

【利用价值】可直接用于花生生产，也可用作花生育种亲本。

3. 巴内花生

【采集地】广西百色市隆林各族自治县者保乡巴内村。

【类型及分布】珍珠豆型花生，分布于隆林各族自治县者保乡及周边地区。

【主要特征特性】在南宁种植，生育期为121天，株型直立，疏枝，连续开花。荚果普通形，中间缢缩轻微到中等，果嘴轻微，荚果网纹中等，种子圆柱形，种皮深红色。主茎高65.3cm，第一对侧枝长79.6cm，总分枝6.0条，单株结果数17个，单株生产力21.9g。百果重160.3g，百仁重63.2g，出仁率70.6%。粗脂肪含量50.19%，粗蛋白质含量29.70%，油酸含量48.51%，亚油酸含量34.53%，油亚比1.40。

【利用价值】可直接用于花生生产，也可用作红皮花生育种亲本。

4. 者艾花生

【采集地】广西百色市隆林各族自治县岩茶乡者艾村。

【类型及分布】珍珠豆型花生,分布于隆林各族自治县岩茶乡及周边地区。

【主要特征特性】在南宁种植,生育期为123天,株型直立,疏枝,连续开花。荚果普通形,中间缢缩中等,果嘴中等,荚果网纹明显,种子圆柱形,种皮粉红色。主茎高65.4cm,第一对侧枝长78.7cm,主茎、侧枝长而软,后期易倒伏;总分枝7.0条,单株结果数18个,单株生产力22.6g。百果重193.3g,百仁重74.0g,出仁率70.1%。粗脂肪含量52.20%,粗蛋白质含量27.38%,油酸含量45.15%,亚油酸含量37.52%,油亚比1.20。

【利用价值】可用作花生育种亲本。

5. 共合花生

【采集地】广西百色市那坡县龙合镇共合村。

【类型及分布】珍珠豆型花生，分布于那坡县龙合镇及周边地区。

【主要特征特性】在南宁种植，生育期为121天，株型直立，疏枝，连续开花。荚果普通形，中间缢缩中等，果嘴中等，荚果网纹中等，种子圆柱形，种皮深红色。主茎高73.5cm，第一对侧枝长80.4cm，总分枝6.0条，单株结果数16个，单株生产力17.5g。百果重148.3g，百仁重56.9g，出仁率71.2%。粗脂肪含量51.93%，粗蛋白质含量28.84%，油酸含量51.65%，亚油酸含量32.81%，油亚比1.57。

【利用价值】可直接应用于鲜食红皮花生生产，也可用作红皮花生育种亲本。

6. 古念花生

【采集地】广西百色市平果市马头镇古念村。

【类型及分布】珍珠豆型花生,分布于平果市马头镇及周边地区。

【主要特征特性】在南宁种植,生育期为120天,株型直立,疏枝,连续开花。荚果普通形,中间缢缩轻微,果嘴中等,荚果网纹中等,种子圆柱形,种皮深红色。主茎高71.6cm,第一对侧枝长77.4cm,总分枝7.0条,单株结果数21个,单株生产力20.8g。百果重126.1g,百仁重49.3g,出仁率72.7%。粗脂肪含量50.02%,粗蛋白质含量29.13%,油酸含量50.33%,亚油酸含量34.05%,油亚比1.48。

【利用价值】可直接应用于鲜食红皮花生生产,也可用作红皮花生育种亲本。

7. 陆榜花生

【采集地】广西崇左市大新县恩城乡陆榜村。

【类型及分布】珍珠豆型花生，分布于大新县恩城乡及周边地区。

【主要特征特性】在南宁种植，生育期为 119 天，株型直立，疏枝，连续开花。荚果普通形，中间缢缩轻微，果嘴中等，荚果网纹中等，种子圆柱形，种皮粉红色。主茎高 67.5cm，第一对侧枝长 74.5cm，主茎、侧枝长而软，后期易倒伏；总分枝 8.0 条，单株结果数 19 个，单株生产力 21.2g。百果重 138.1g，百仁重 53.6g，出仁率 71.5%。粗脂肪含量 51.39%，粗蛋白质含量 27.63%，油酸含量 51.06%，亚油酸含量 32.34%，油亚比 1.58。

【利用价值】可用作小粒、薄壳花生育种亲本。

8. 那加花生

【采集地】广西崇左市扶绥县柳桥镇那加村。

【类型及分布】珍珠豆型花生,分布于扶绥县柳桥镇及周边地区。

【主要特征特性】在南宁种植,生育期为116天,株型直立,疏枝,连续开花。荚果普通形,中间缢缩轻微,果嘴轻微,荚果网纹中等,种子圆柱形,种皮深红色。主茎高73.9cm,第一对侧枝长80.1cm,主茎、侧枝长而软,后期易倒伏;总分枝7.0条,单株结果数21个,单株生产力23.5g。百果重144.7g,百仁重71.2g,出仁率72.2%。粗脂肪含量52.05%,粗蛋白质含量27.94%,油酸含量43.01%,亚油酸含量39.84%,油亚比1.08。

【利用价值】可直接应用于鲜食红皮花生生产,也可用作红皮花生育种亲本。

9. 渠齐花生

【采集地】广西崇左市扶绥县柳桥镇渠齐村。

【类型及分布】珍珠豆型花生，分布于扶绥县柳桥镇及周边地区。

【主要特征特性】在南宁种植，生育期为121天，株型直立，疏枝，连续开花。荚果茧形，中间缢缩轻微，果嘴中等，荚果网纹中等，种子圆柱形，种皮粉红色。主茎高58.7cm，第一对侧枝长70.8cm，总分枝6.0条，单株结果数19个，单株生产力17.1g。百果重126.6g，百仁重49.3g，出仁率71.8%。粗脂肪含量52.59%，粗蛋白质含量26.26%，油酸含量47.31%，亚油酸含量34.80%，油亚比1.36。

【利用价值】可直接用于花生生产，也可用作花生育种亲本。

10. 中山花生

【采集地】广西崇左市龙州县上金乡中山村。

【类型及分布】珍珠豆型花生，分布于龙州县上金乡及周边地区。

【主要特征特性】在南宁种植，生育期为117天，株型直立，疏枝，连续开花。荚果普通形，中间缢缩中等，果嘴中等，荚果网纹中等，种子圆柱形，种皮粉红色。主茎高60.9cm，第一对侧枝长66.2cm，总分枝7.0条，单株结果数22个，单株生产力18.1g。百果重133.3g，百仁重52.5g，出仁率73.7%。粗脂肪含量50.45%，粗蛋白质含量27.79%，油酸含量46.34%，亚油酸含量26.87%，油亚比1.72。

【利用价值】可直接应用于花生生产，也可用作花生育种亲本。

11. 丰乐花生

【采集地】广西崇左市凭祥市夏石镇丰乐村。

【类型及分布】珍珠豆型花生，分布于凭祥市夏石镇及周边地区。

【主要特征特性】在南宁种植，生育期为119天，株型直立，疏枝，连续开花。荚果普通形，中间缢缩中等，果嘴轻微到中等，荚果网纹中等，种子圆柱形，种皮深红色。主茎高49.7cm，第一对侧枝长55.6cm，总分枝7.0条，单株结果数18个，单株生产力18.1g。百果重143.5g，百仁重54.9g，出仁率72.5%。粗脂肪含量54.29%，粗蛋白质含量24.15%，油酸含量54.58%，亚油酸含量29.56%，油亚比1.85。

【利用价值】可直接应用于花生生产，也可用作小果、红皮、高油花生育种亲本。

12. 浦门花生

【采集地】广西崇左市凭祥市夏石镇浦门村。

【类型及分布】珍珠豆型花生，分布于凭祥市夏石镇及周边地区。

【主要特征特性】在南宁种植，生育期为 123 天，株型直立，疏枝，连续开花。荚果蜂腰形，中间缢缩非常明显，果嘴中等，荚果网纹明显，种子圆柱形，种皮粉红色。主茎高 63.6cm，第一对侧枝长 72.4cm，总分枝 8.0 条，单株结果数 20 个，单株生产力 25.1g。百果重 176.4g，百仁重 66.8g，出仁率 70.4%。粗脂肪含量 50.80%，粗蛋白质含量 27.22%，油酸含量 49.09%，亚油酸含量 34.09%，油亚比 1.44。

【利用价值】可直接用于花生生产，也可用作花生育种亲本。

13. 上禁花生

【采集地】广西崇左市大新县恩城乡护国村上禁屯。

【类型及分布】珍珠豆型花生，分布于大新县恩城乡及周边地区。

【主要特征特性】在南宁种植，生育期为118天，株型直立，疏枝，连续开花。荚果茧形，中间缢缩轻微，果嘴轻微到中等，荚果网纹轻微，种子圆柱形，种皮深红色。主茎高67.0cm，第一对侧枝长76.3cm，总分枝9.0条，单株结果数18个，单株生产力20.5g。百果重128.8g，百仁重52.0g，出仁率71.7%。粗脂肪含量50.69%，粗蛋白质含量27.80%，油酸含量49.67%，亚油酸含量34.76%，油亚比1.43。

【利用价值】可直接用于鲜食红皮花生生产，也可用作小粒红皮花生育种亲本。

14. 达六花生

【采集地】广西崇左市天等县东平镇东平村达六屯。

【类型及分布】珍珠豆型花生,分布于天等县东平镇及周边地区。

【主要特征特性】在南宁种植,生育期为119天,株型直立,疏枝,连续开花。荚果蜂腰形,中间缢缩明显,果嘴轻微,荚果网纹中等,种子圆柱形,种皮深红色。主茎高70.2cm,第一对侧枝长71.1cm,主茎、侧枝长而软,后期易倒伏;总分枝8.0条,单株结果数18个,单株生产力22.1g。百果重145.2g,百仁重58.4g,出仁率72.4%。粗脂肪含量51.11%,粗蛋白质含量26.69%,油酸含量48.84%,亚油酸含量34.81%,油亚比1.40。

【利用价值】可直接用于鲜食红皮花生生产,也可用作红皮花生育种亲本。

15. 竹山红花生

【采集地】广西防城港市东兴市东兴镇竹山村。

【类型及分布】珍珠豆型花生，分布于东兴市东兴镇及周边地区。

【主要特征特性】在南宁种植，生育期为116天，株型直立，疏枝，连续开花。荚果茧形，中间缢缩轻微，果嘴轻微，荚果网纹轻微，种子圆形，种皮深红色。主茎高63.6cm，第一对侧枝长78.6cm，总分枝9.0条，单株结果数18个，单株生产力16.5g。百果重152.2g，百仁重62.3g，出仁率70.6%。粗脂肪含量49.81%，粗蛋白质含量27.62%，油酸含量51.01%，亚油酸含量30.00%，油亚比1.70。

【利用价值】可直接用于鲜食红皮花生生产，也可用作薄壳、红皮花生育种亲本。

16. 竹山花生

【采集地】广西防城港市东兴市东兴镇竹山村。

【类型及分布】珍珠豆型花生，分布于东兴市东兴镇及周边地区。

【主要特征特性】在南宁种植，生育期为117天，株型直立，疏枝，连续开花。荚果普通形，中间缢缩轻微，果嘴轻微，荚果网纹中等，种子圆柱形，种皮粉红色。主茎高68.8cm，第一对侧枝长75.0cm，总分枝7.0条，单株结果数18个，单株生产力22.4g。百果重145.4g，百仁重65.0g，出仁率70.5%。粗脂肪含量50.93%，粗蛋白质含量27.60%，油酸含量49.40%，亚油酸含量30.07%，油亚比1.64。

【利用价值】可直接用于鲜食花生生产，也可用作花生育种亲本。

17. 白屋花生

【采集地】广西防城港市防城区扶隆镇那果村。

【类型及分布】珍珠豆型花生，分布于防城区扶隆镇及周边地区。

【主要特征特性】在南宁种植，生育期为121天，株型直立，疏枝，连续开花。荚果普通形，中间缢缩轻微，果嘴轻微，荚果网纹中等，种子圆形，种皮粉红色。主茎高40.1cm，第一对侧枝长50.9cm，总分枝8.0条，单株结果数17个，单株生产力18.5g。百果重149.6g，百仁重65.7g，出仁率70.5%。粗脂肪含量52.55%，粗蛋白质含量26.85%，油酸含量46.79%，亚油酸含量33.48%，油亚比1.40。

【利用价值】可直接用于花生生产，也可用作花生育种亲本。

18. 光坡花生

【采集地】广西防城港市港口区光坡镇光坡村。

【类型及分布】珍珠豆型花生，分布于港口区光坡镇及周边地区。

【主要特征特性】在南宁种植，生育期为119天，株型直立，疏枝，连续开花。荚果普通形，中间缢缩轻微，果嘴轻微，荚果网纹中等，种子圆形，种皮深红色。主茎高49.7cm，第一对侧枝长58.3cm，总分枝8.0条，单株结果数20个，单株生产力21.6g。百果重141.2g，百仁重61.3g，出仁率72.9%。粗脂肪含量49.62%，粗蛋白质含量27.93%，油酸含量47.82%，亚油酸含量32.68%，油亚比1.46。

【利用价值】可直接用于鲜食红皮花生生产，也可用作红皮花生育种亲本。

19. 泉水花生

【采集地】广西钦州市浦北县泉水镇。

【类型及分布】珍珠豆型花生，分布于浦北县泉水镇及周边地区。

【主要特征特性】在南宁种植，生育期为 120 天，株型直立，疏枝，连续开花。荚果茧形，中间缢缩轻微，果嘴轻微，荚果网纹中等，种子圆形，种皮深红色。主茎高 50.8cm，第一对侧枝长 72.9cm，总分枝 8.0 条，单株结果数 14 个，单株生产力 14.7g。百果重 147.0g，百仁重 62.7g，出仁率 70.9%。粗脂肪含量 48.67%，粗蛋白质含量 27.89%，油酸含量 46.57%，亚油酸含量 34.11%，油亚比 1.37。

【利用价值】可直接用于鲜食红皮花生生产，也可用作红皮花生育种亲本。

20. 百日豆

【采集地】广西贵港市桂平市垌心乡上瑶村。

【类型及分布】珍珠豆型花生，分布于桂平市垌心乡及周边地区。

【主要特征特性】在南宁种植，生育期为116天，株型直立，疏枝，连续开花。荚果普通形，中间缢缩轻微，果嘴轻微，荚果网纹轻微，种子圆柱形，种皮粉红色。主茎高60.4cm，第一对侧枝长62.9cm，总分枝7.0条，单株结果数15个，单株生产力19.7g。百果重167.3g，百仁重68.0g，出仁率71.8%。粗脂肪含量51.94%，粗蛋白质含量26.12%，油酸含量43.76%，亚油酸含量36.21%，油亚比1.21。

【利用价值】可直接用于花生生产，也可用作早熟花生育种亲本。

21. 大平花生

【采集地】广西贵港市平南县大新镇大平村。

【类型及分布】珍珠豆型花生，分布于平南县大新镇及周边地区。

【主要特征特性】在南宁种植，生育期为123天，株型直立，疏枝，连续开花。荚果普通形，中间缢缩中等，果嘴中等，荚果网纹中等，种子圆柱形，种皮粉红色。主茎高46.7cm，第一对侧枝长55.4cm，总分枝8.0条，单株结果数14个，单株生产力17.6g。百果重197.8g，百仁重75.0g，出仁率69.3%。粗脂肪含量51.91%，粗蛋白质含量23.33%，油酸含量46.71%，亚油酸含量33.96%，油亚比1.38。

【利用价值】可直接用于花生生产，也可用作花生育种亲本。

22. 对面岭花生

【采集地】广西桂林市恭城瑶族自治县三江乡对面岭村。

【类型及分布】珍珠豆型花生,分布于恭城瑶族自治县三江乡及周边地区。

【主要特征特性】在南宁种植,生育期为118天,株型直立,疏枝,连续开花。荚果普通形,中间缢缩轻微,果嘴中等,荚果网纹明显,种子圆柱形,种皮粉红色。主茎高45.6cm,第一对侧枝长56.2cm,总分枝7.0条,单株结果数21个,单株生产力28.1g。百果重186.3g,百仁重64.0g,出仁率71.1%。粗脂肪含量50.03%,粗蛋白质含量27.96%,油酸含量48.27%,亚油酸含量34.17%,油亚比1.41。

【利用价值】可直接用于花生生产,也可用作花生育种亲本。

23. 小把花生

【采集地】广西桂林市荔浦市新坪镇八鲁村。

【类型及分布】珍珠豆型花生，分布于荔浦市新坪镇及周边地区。

【主要特征特性】在南宁种植，生育期为 119 天，株型直立，疏枝，连续开花。荚果普通形，中间缢缩轻微，果嘴明显，荚果网纹中等，种子圆柱形，种皮粉红色。主茎高 61.6cm，第一对侧枝长 74.0cm，主茎、侧枝长而软，后期易倒伏；总分枝 7.0 条，单株结果数 21 个，单株生产力 22.7g。百果重 173.3g，百仁重 68.8g，出仁率 72.5%。粗脂肪含量 51.88%，粗蛋白质含量 27.54%，油酸含量 44.67%，亚油酸含量 37.94%，油亚比 1.18。

【利用价值】可用作花生育种亲本。

24. 小扯子花生

【采集地】广西桂林市临桂区六塘镇小江村。

【类型及分布】珍珠豆型花生，分布于临桂区六塘镇及周边地区。

【主要特征特性】在南宁种植，生育期为123天，株型直立，疏枝，连续开花。荚果普通形，中间缢缩轻微，果嘴轻微，荚果网纹中等，种子圆柱形，种皮粉红色。主茎高53.2cm，第一对侧枝长61.6cm，总分枝7.0条，单株结果数19个，单株生产力23.5g。百果重167.7g，百仁重62.4g，出仁率71.2%。粗脂肪含量48.68%，粗蛋白质含量28.79%，油酸含量53.76%，亚油酸含量30.13%，油亚比1.78。

【利用价值】可直接用于花生生产，也可用作花生育种亲本。

25. 江洲小花生

【采集地】广西桂林市灵川县潭下镇江洲村。

【类型及分布】珍珠豆型花生,分布于灵川县潭下镇及周边地区。

【主要特征特性】在南宁种植,生育期为 121 天,株型直立,疏枝,连续开花。荚果普通形,中间缢缩中等,果嘴中等,荚果网纹明显,种子圆柱形,种皮粉红色。主茎高 64.5cm,第一对侧枝长 72.8cm,主茎、侧枝长而软,后期易倒伏;总分枝 7.0 条,单株结果数 17 个,单株生产力 20.8g。百果重 151.6g,百仁重 63.1g,出仁率 72.0%。粗脂肪含量 50.76%,粗蛋白质含量 30.57%,油酸含量 52.08%,亚油酸含量 32.06%,油亚比 1.62。

【利用价值】可用作花生育种亲本。

26. 田湾花生

【采集地】广西桂林市龙胜各族自治县江底乡龙塘村。

【类型及分布】珍珠豆型花生，分布于龙胜各族自治县江底乡及周边地区。

【主要特征特性】在南宁种植，生育期为119天，株型直立，疏枝，连续开花。荚果蜂腰形，中间缢缩明显，果嘴轻微，荚果网纹中等，种子圆形，种皮粉红色。主茎高74.2cm，第一对侧枝长84.2cm，总分枝7.0条，单株结果数23个，单株生产力23.4g。百果重157.8g，百仁重58.1g，出仁率71.0%。粗脂肪含量50.60%，粗蛋白质含量27.60%，油酸含量44.67%，亚油酸含量38.14%，油亚比1.17。

【利用价值】可直接用于花生生产，也可用作花生育种亲本。

27. 下岩口花生

【采集地】广西桂林市全州县东山瑶族乡锦荣村下岩口屯。

【类型及分布】珍珠豆型花生，分布于全州县东山瑶族乡及周边地区。

【主要特征特性】在南宁种植，生育期为115天，株型直立，疏枝，连续开花。荚果普通形，中间缢缩轻微，果嘴轻微，荚果网纹中等，种子圆形，种皮粉红色。主茎高89.1cm，第一对侧枝长95.4cm，总分枝10.0条，单株结果数17个，单株生产力14.6g。百果重102.8g，百仁重45.3g，出仁率73.5%。粗脂肪含量49.89%，粗蛋白质含量28.13%，油酸含量46.35%，亚油酸含量32.70%，油亚比1.42。

【利用价值】可直接用于小粒花生生产，也可用作小粒花生育种亲本。

28. 老铺里花生

【采集地】广西桂林市全州县绍水镇绍兰村。

【类型及分布】珍珠豆型花生,分布于全州县绍水镇及周边地区。

【主要特征特性】在南宁种植,生育期为119天,株型直立,疏枝,连续开花。荚果普通形,中间缢缩轻微,果嘴中等,荚果网纹中等,种子圆柱形,种皮深红色。主茎高70.0cm,第一对侧枝长79.5cm,总分枝9.0条,单株结果数16个,单株生产力15.7g。百果重115.8g,百仁重72.3g,出仁率70.3%。粗脂肪含量47.10%,粗蛋白质含量31.61%,油酸含量44.97%,亚油酸含量34.55%,油亚比1.30。

【利用价值】可直接用于花生生产,也可用作红皮花生育种亲本。

29. 溶江花生

【采集地】广西桂林市兴安县溶江镇千家村。

【类型及分布】珍珠豆型花生，分布于兴安县溶江镇及周边地区。

【主要特征特性】在南宁种植，生育期为120天，株型直立，疏枝，连续开花。荚果普通形，中间缢缩轻微，果嘴明显，荚果网纹中等，种子圆柱形，种皮粉红色。主茎高64.8cm，第一对侧枝长69.6cm，总分枝9.0条，单株结果数18个，单株生产力19.4g。百果重158.0g，百仁重62.3g，出仁率71.1%。粗脂肪含量49.31%，粗蛋白质含量28.78%，油酸含量46.19%，亚油酸含量33.01%，油亚比1.40。

【利用价值】可直接用于花生生产，也可用作花生育种亲本。

30. 大路花生

【采集地】 广西桂林市永福县三皇镇大路村。

【类型及分布】 珍珠豆型花生，分布于永福县三皇镇及周边地区。

【主要特征特性】 在南宁种植，生育期为119天，株型直立，疏枝，连续开花。荚果蜂腰形，中间缢缩非常明显，果嘴轻微，荚果网纹中等，种子圆柱形，种皮深红色。主茎高70.0cm，第一对侧枝长76.8cm，总分枝9.0条，单株结果数15个，单株生产力14.5g。百果重141.4g，百仁重59.1g，出仁率71.0%。粗脂肪含量51.82%，粗蛋白质含量28.32%，油酸含量54.25%，亚油酸含量30.74%，油亚比1.76。

【利用价值】 可直接用于鲜食红皮花生生产，也可用作红皮花生育种亲本。

31. 福厚红衣花生

【采集地】广西河池市巴马瑶族自治县西山乡福厚村。

【类型及分布】珍珠豆型花生,分布于巴马瑶族自治县西山乡及周边地区。

【主要特征特性】在南宁种植,生育期为117天,株型直立,疏枝,连续开花。荚果普通形,中间缢缩轻微,果嘴轻微,荚果网纹中等,种子圆柱形,种皮深红色。主茎高49.6cm,第一对侧枝长56.5cm,总分枝7.0条,单株结果数18个,单株生产力21.5g。百果重159.7g,百仁重61.7g,出仁率69.9%。粗脂肪含量49.10%,粗蛋白质含量29.30%,油酸含量47.91%,亚油酸含量37.39%,油亚比1.28。

【利用价值】可直接用于鲜食红皮花生生产,也可用作红皮花生育种亲本。

32. 乙圩花生

【采集地】广西河池市大化瑶族自治县乙圩乡乙圩村。

【类型及分布】珍珠豆型花生，分布于大化瑶族自治县乙圩乡及周边地区。

【主要特征特性】在南宁种植，生育期为119天，株型直立，疏枝，连续开花。荚果普通形，中间缢缩轻微，果嘴轻微，荚果网纹中等，种子圆柱形，种皮深红色。主茎高65.8cm，第一对侧枝长66.7cm，主茎、侧枝软，后期易倒伏；总分枝7.0条，单株结果数17个，单株生产力18.3g。百果重144.0g，百仁重55.5g，出仁率70.5%。粗脂肪含量52.83%，粗蛋白质含量25.51%，油酸含量51.96%，亚油酸含量32.20%，油亚比1.61。

【利用价值】可直接用于鲜食红皮花生生产，也可用作红皮花生育种亲本。

33. 板定花生

【采集地】广西河池市都安瑶族自治县百旺镇板定村。

【类型及分布】珍珠豆型花生,分布于都安瑶族自治县百旺镇及周边地区。

【主要特征特性】在南宁种植,生育期为118天,株型直立,疏枝,连续开花。荚果普通形,中间缢缩轻微,果嘴轻微,荚果网纹中等,种子圆柱形,种皮深红色。主茎高53.7cm,第一对侧枝长58.9cm,总分枝8.0条,单株结果数19个,单株生产力22.9g。百果重157.4g,百仁重56.5g,出仁率70.4%,粗脂肪含量51.28%,粗蛋白质含量29.06%,油酸含量54.23%,亚油酸含量29.69%,油亚比1.83。

【利用价值】可直接用于鲜食红皮花生生产,也可用作红皮花生育种亲本。

34. 妙田花生

【采集地】广西河池市都安瑶族自治县百旺镇妙田村。

【类型及分布】珍珠豆型花生，分布于都安瑶族自治县百旺镇及周边地区。

【主要特征特性】在南宁种植，生育期为121天，株型直立，疏枝，连续开花。荚果普通形，中间缢缩轻微，果嘴明显，荚果网纹中等，种子圆柱形，种皮粉红色。主茎高47.3cm，第一对侧枝长66.0cm，总分枝8.0条，单株结果数19个，单株生产力24.9g。百果重169.8g，百仁重68.0g，出仁率69.1%。粗脂肪含量49.36%，粗蛋白质含量28.95%，油酸含量59.89%，亚油酸含量24.68%，油亚比2.43。

【利用价值】可直接用于花生生产，也可用作花生育种亲本。

35. 北龙花生

【采集地】广西河池市环江毛南族自治县下南乡下塘村北龙屯。

【类型及分布】珍珠豆型花生，分布于环江毛南族自治县下南乡及周边地区。

【主要特征特性】在南宁种植，生育期为121天，株型直立，疏枝，连续开花。荚果普通形，中间缢缩轻微，果嘴轻微，荚果网纹中等，种子圆柱形，种皮深红色。主茎高90.1cm，第一对侧枝长92.2cm，总分枝10.0条，单株结果数14个，单株生产力15.2g。百果重147.0g，百仁重63.7g，出仁率71.6%。粗脂肪含量48.02%，粗蛋白质含量26.86%，油酸含量53.97%，亚油酸含量24.89%，油亚比2.17。

【利用价值】可直接用于花生生产，也可用作红皮花生育种亲本。

36. 平畴花生

【采集地】广西河池市南丹县吾隘镇同贡村平畴屯。

【类型及分布】珍珠豆型花生,分布于南丹县吾隘镇及周边地区。

【主要特征特性】在南宁种植,生育期为119天,株型直立,疏枝,连续开花。荚果普通形,中间缢缩轻微,果嘴轻微,荚果网纹中等,种子圆柱形,种皮深红色。主茎高83.1cm,第一对侧枝长88.5cm,总分枝11.0条,单株结果数15个,单株生产力14.6g。百果重133.6g,百仁重57.3g,出仁率71.2%。粗脂肪含量55.13%,粗蛋白质含量25.21%,油酸含量57.88%,亚油酸含量20.41%,油亚比2.84。

【利用价值】可直接用于花生生产,也可作高油、红皮花生育种亲本。

37. 纳州花生

【采集地】广西河池市天峨县六排镇纳州村拉日屯。

【类型及分布】珍珠豆型花生，分布于天峨县六排镇及周边地区。

【主要特征特性】在南宁种植，生育期为119天，株型直立，疏枝，连续开花。荚果茧形，中间缢缩轻微，果嘴中等，荚果网纹中等，种子圆柱形，种皮粉红色。主茎高83.7cm，第一对侧枝长84.3cm，总分枝7.0条，单株结果数11个，单株生产力16.3g。百果重144.8g，百仁重59.3g，出仁率69.5%。粗脂肪含量52.16%，粗蛋白质含量26.67%，油酸含量57.73%，亚油酸含量20.92%，油亚比2.76。

【利用价值】可直接用于花生生产，也可用作花生育种亲本。

38. 上坝花生

【采集地】广西贺州市富川瑶族自治县麦岭镇金田村委上坝村。

【类型及分布】珍珠豆型花生，分布于富川瑶族自治县麦岭镇及周边地区。

【主要特征特性】在南宁种植，生育期为122天，株型直立，疏枝，连续开花。荚果普通形，中间缢缩中等，果嘴中等，荚果网纹中等，种子圆柱形，种皮粉红色。主茎高54.7cm，第一对侧枝长59.9cm，总分枝7.0条，单株结果数18个，单株生产力17.7g。百果重146.5g，百仁重57.6g，出仁率72.6%。粗脂肪含量53.60%，粗蛋白质含量27.01%，油酸含量49.02%，亚油酸含量34.93%，油亚比1.40。

【利用价值】可直接用于花生生产，也可用作花生育种亲本。

39.下塘花生

【采集地】广西贺州市富川瑶族自治县麦岭镇麦岭社区下塘村。

【类型及分布】珍珠豆型花生,分布于富川瑶族自治县麦岭镇及周边地区。

【主要特征特性】在南宁种植,生育期为120天,株型直立,疏枝,连续开花。荚果普通形,中间缢缩中等,果嘴明显,荚果网纹明显,种子圆柱形,种皮深红色。主茎高53.7cm,第一对侧枝长65.7cm,总分枝8.0条,单株结果数18个,单株生产力17.4g。百果重174.6g,百仁重62.0g,出仁率70.7%。粗脂肪含量49.91%,粗蛋白质含量19.18%,油酸含量47.77%,亚油酸含量35.92%,油亚比1.33。

【利用价值】可直接用于鲜食红皮花生生产,也可用作红皮花生育种亲本。

40. 古盘花生

【采集地】广西贺州市昭平县仙回瑶族乡古盘村。

【类型及分布】珍珠豆型花生,分布于昭平县仙回瑶族乡及周边地区。

【主要特征特性】在南宁种植,生育期为117天,株型直立,疏枝,连续开花。荚果普通形,中间缢缩轻微,果嘴中等,荚果网纹中等,种子圆柱形,种皮深红色。主茎高49.8cm,第一对侧枝长55.6cm,总分枝6.0条,单株结果数15个,单株生产力15.8g。百果重170.4g,百仁重65.7g,出仁率72.1%。粗脂肪含量46.13%,粗蛋白质含量27.26%,油酸含量53.31%,亚油酸含量29.16%,油亚比1.83。

【利用价值】可直接用于鲜食红皮花生生产,也可用作红皮花生育种亲本。

41. 琼伍花生

【采集地】 广西来宾市金秀瑶族自治县罗香乡琼伍村。

【类型及分布】 珍珠豆型花生，分布于金秀瑶族自治县罗香乡及周边地区。

【主要特征特性】 在南宁种植，生育期为121天，株型直立，疏枝，连续开花。荚果普通形，中间缢缩轻微，果嘴中等，荚果网纹中等，种子圆形，种皮粉红色。主茎高66.3cm，第一对侧枝长72.6cm，总分枝8.0条，单株结果数15个，单株生产力21.1g。百果重190.1g，百仁重71.3g，出仁率71.3%。粗脂肪含量52.09%，粗蛋白质含量27.72%，油酸含量48.46%，亚油酸含量35.72%，油亚比1.36。

【利用价值】 可直接用于花生生产，也可用作花生育种亲本。

42. 弯花生

【采集地】广西柳州市柳城县太平镇板贡村。

【类型及分布】珍珠豆型花生,分布于柳城县太平镇及周边地区。

【主要特征特性】在南宁种植,生育期为123天,株型直立,疏枝,连续开花。荚果普通形,中间缢缩中等,果嘴非常明显,荚果网纹明显,种子圆柱形,种皮粉红色。主茎高64.7cm,第一对侧枝长74.5cm,主茎、侧枝长而软,后期易倒伏;总分枝9.0条,单株结果数18个,单株生产力23.3g。百果重165.3g,百仁重66.1g,出仁率68.6%。粗脂肪含量51.61%,粗蛋白质含量31.00%,油酸含量46.45%,亚油酸含量33.88%,油亚比1.37。弯花生因果嘴弯曲而得名。

【利用价值】可直接用于花生生产,也可用作红皮花生育种亲本。

43. 石门花生

【采集地】广西柳州市融安县大良镇石门村。

【类型及分布】珍珠豆型花生，分布于融安县大良镇及周边地区。

【主要特征特性】在南宁种植，生育期为117天，株型直立，疏枝，连续开花。荚果普通形，中间缢缩轻微，果嘴轻微，荚果网纹中等，种子圆形，种皮深红色。主茎高53.7cm，第一对侧枝长55.5cm，总分枝7.0条，单株结果数21个，单株生产力19.6g。百果重119.5g，百仁重48.5g，出仁率70.9%。粗脂肪含量52.60%，粗蛋白质含量26.57%，油酸含量52.46%，亚油酸含量32.16%，油亚比1.63。

【利用价值】可直接用于小粒红皮花生生产，也可用作小粒红皮花生育种亲本。

44. 大桥土花生

【采集地】广西南宁市宾阳县大桥镇廖平村。

【类型及分布】珍珠豆型花生，分布于宾阳县大桥镇及周边地区。

【主要特征特性】在南宁种植，生育期为121天，株型直立，疏枝，连续开花。荚果普通形，中间缢缩中等，果嘴中等，荚果网纹中等，种子圆柱形，种皮粉红色。主茎高54.0cm，第一对侧枝长63.3cm，总分枝7.0条，单株结果数20个，单株生产力21.8g。百果重167.0g，百仁重59.3g，出仁率70.4%。粗脂肪含量50.40%，粗蛋白质含量29.83%，油酸含量49.09%，亚油酸含量33.60%，油亚比1.46。

【利用价值】可直接用于花生生产，也可用作花生育种亲本。

45. 南面花生

【采集地】广西南宁市横县马山镇南面村。

【类型及分布】珍珠豆型花生,分布于横县马山镇及周边地区。

【主要特征特性】在南宁种植,生育期为117天,株型直立,疏枝,连续开花。荚果普通形,中间缢缩中等,果嘴中等,荚果网纹中等,种子圆柱形,种皮粉红色。主茎高56.7cm,第一对侧枝长60.8cm,总分枝7.0条,单株结果数21个,单株生产力23.8g。百果重149.4g,百仁重59.8g,出仁率74.8%。粗脂肪含量54.19%,粗蛋白质含量25.45%,油酸含量48.61%,亚油酸含量33.75%,油亚比1.44。

【利用价值】可直接用于花生生产,也可用作花生育种亲本。

46. 白境花生

【采集地】广西南宁市上林县木山乡白境村。

【类型及分布】珍珠豆型花生，分布于上林县木山乡及周边地区。

【主要特征特性】在南宁种植，生育期为123天，株型直立，疏枝，连续开花。荚果普通形，中间缢缩中等，果嘴轻微，荚果网纹明显，种子圆柱形，种皮粉红色。主茎高66.9cm，第一对侧枝长73.8cm，主茎、侧枝长而软，后期易倒伏；总分枝7.0条，单株结果数17个，单株生产力21.1g。百果重163.6g，百仁重65.9g，出仁率69.7%。粗脂肪含量51.38%，粗蛋白质含量28.16%，油酸含量48.73%，亚油酸含量34.45%，油亚比1.41。

【利用价值】可用作花生育种亲本。

47. 苏桥花生

【采集地】广西南宁市上林县巷贤镇苏仁村。

【类型及分布】珍珠豆型花生,分布于上林县巷贤镇及周边地区。

【主要特征特性】在南宁种植,生育期为119天,株型直立,疏枝,连续开花。荚果普通形,中间缢缩轻微,果嘴轻微,荚果网纹中等,种子圆形,种皮深红色。主茎高60.3cm,第一对侧枝长68.4cm,总分枝9.0条,单株结果数16个,单株生产力22.7g。百果重166.6g,百仁重72.3g,出仁率70.3%。粗脂肪含量53.60%,粗蛋白质含量25.77%,油酸含量62.90%,亚油酸含量16.05%,油亚比3.92。

【利用价值】可直接用于花生生产,也可用作红皮花生育种亲本。

48. 晏村花生

【采集地】广西钦州市灵山县新圩镇晏村。

【类型及分布】珍珠豆型花生,分布于灵山县新圩镇及周边地区。

【主要特征特性】在南宁种植,生育期为119天,株型直立,疏枝,连续开花。荚果普通形,中间缢缩轻微,果嘴轻微,荚果网纹中等,种子圆柱形,种皮粉红色。主茎高43.6cm,第一对侧枝长52.0cm,总分枝8.0条,单株结果数19个,单株生产力22.6g。百果重164.9g,百仁重59.8g,出仁率70.5%。粗脂肪含量50.38%,粗蛋白质含量28.83%,油酸含量46.99%,亚油酸含量32.67%,油亚比1.44。

【利用价值】可直接用于花生生产,也可用作花生育种亲本。

49. 那怀花生

【采集地】广西钦州市钦北区大寺镇那葛村。

【类型及分布】珍珠豆型花生，分布于钦州市钦北区大寺镇及周边地区。

【主要特征特性】在南宁种植，生育期为121天，株型直立，疏枝，连续开花。荚果普通形，中间缢缩轻微，果嘴中等，荚果网纹中等，种子圆形，种皮粉红色。主茎高64.9cm，第一对侧枝长70.1cm，总分枝7.0条，单株结果数17个，单株生产力15.3g。百果重147.2g，百仁重63.0g，出仁率72.5%。粗脂肪含量49.82%，粗蛋白质含量26.50%，油酸含量48.71%，亚油酸含量31.91%，油亚比1.53。

【利用价值】可直接用于中小粒花生生产，也可用作花生育种亲本。

50. 吉安花生

【采集地】广西钦州市钦北区平吉镇吉安村。

【类型及分布】珍珠豆型花生，分布于钦州市钦北区平吉镇及周边地区。

【主要特征特性】在南宁种植，生育期为119天，株型直立，疏枝，连续开花。荚果普通形，中间缢缩轻微，果嘴轻微，荚果网纹中等，种子圆柱形，种皮深红色。主茎高66.1cm，第一对侧枝长73.5cm，总分枝7.0条，单株结果数12个，单株生产力10.6g。百果重128.4g，百仁重55.3g，出仁率70.8%。粗脂肪含量54.28%，粗蛋白质含量24.43%，油酸含量48.85%，亚油酸含量30.77%，油亚比1.59。

【利用价值】可直接用于小粒红皮花生生产，也可用作小粒红皮花生育种亲本。

51. 安平花生

【采集地】广西梧州市岑溪市安平镇太平社区。

【类型及分布】珍珠豆型花生，分布于岑溪市安平镇及周边地区。

【主要特征特性】在南宁种植，生育期为121天，株型直立，疏枝，连续开花。荚果普通形，中间缢缩中等，果嘴中等，荚果网纹中等，种子圆柱形，种皮粉红色。主茎高57.9cm，第一对侧枝长63.8cm，总分枝7.0条，单株结果数16个，单株生产力31.4g。百果重193.2g，百仁重71.7g，出仁率71.6%。粗脂肪含量48.02%，粗蛋白质含量26.02%，油酸含量45.74%，亚油酸含量33.92%，油亚比1.35。

【利用价值】可直接用于花生生产，也可用作花生育种亲本。

52. 古令花生

【采集地】广西梧州市龙圩区新地镇古令村。

【类型及分布】珍珠豆型花生，分布于龙圩区新地镇及周边地区。

【主要特征特性】在南宁种植，生育期为121天，株型直立，疏枝，连续开花。荚果茧形，中间缢缩轻微，果嘴轻微，荚果网纹中等，种子圆柱形，种皮深红色。主茎高51.8cm，第一对侧枝长59.1cm，总分枝7.0条，单株结果数15个，单株生产力18.3g。百果重160.0g，百仁重68.7g，出仁率71.2%。粗脂肪含量49.05%，粗蛋白质含量26.71%，油酸含量53.41%，亚油酸含量31.64%，油亚比1.69。

【利用价值】可直接用于花生生产，也可用作红皮花生育种亲本。

53. 龙蟠花生

【采集地】 广西梧州市蒙山县西河镇龙蟠村。

【类型及分布】 珍珠豆型花生，分布于蒙山县西河镇及周边地区。

【主要特征特性】 在南宁种植，生育期为121天，株型直立，疏枝，连续开花。荚果普通形，中间缢缩中等，果嘴轻微，荚果网纹明显，种子圆柱形，种皮粉红色。主茎高47.2cm，第一对侧枝长55.0cm，总分枝8.0条，单株结果数16个，单株生产力24.0g。百果重171.0g，百仁重73.8g，出仁率70.2%。粗脂肪含量48.50%，粗蛋白质含量28.85%，油酸含量49.06%，亚油酸含量34.66%，油亚比1.42。

【利用价值】 可直接用于花生生产，也可用作花生育种亲本。

54. 德保小花生

【采集地】广西百色市德保县。

【类型及分布】珍珠豆型花生，分布于德保县及周边地区。

【主要特征特性】在南宁种植，生育期为125天，株型直立，疏枝，连续开花。荚果普通形，中间缢缩中等，果嘴中等，荚果网纹中等，种子圆柱形，种皮粉红色。主茎高51.5cm，第一对侧枝长38.8cm，总分枝6.3条，单株结果数21个，单株生产力25.0g。百果重131.0g，百仁重49.0g，出仁率70.0%。粗脂肪含量53.48%，粗蛋白质含量25.63%，油酸含量41.93%，亚油酸含量33.46%，油亚比1.25。

【利用价值】可直接用于花生生产，也可用作花生育种亲本。

55. 百色小豆

【采集地】广西百色市右江区。

【类型及分布】珍珠豆型花生，分布于百色市右江区及周边地区。

【主要特征特性】在南宁种植，生育期为125天，株型直立，疏枝，连续开花。荚果普通形，中间缢缩中等，果嘴轻微，荚果网纹中等，种子圆柱形，种皮粉红色。主茎高54.0cm，第一对侧枝长40.4cm，总分枝7.0条，单株结果数28个，单株生产力16.5g。百果重138.5g，百仁重52.0g，出仁率68.0%。粗脂肪含量53.21%，粗蛋白质含量27.20%，油酸含量40.64%，亚油酸含量34.27%，油亚比1.19。

【利用价值】可直接用于花生生产，也可用作花生育种亲本。

56. 北海珍珠豆

【采集地】广西北海市。

【类型及分布】珍珠豆型花生,分布于北海市及周边地区。

【主要特征特性】在南宁种植,生育期为125天,株型直立,疏枝,连续开花。荚果普通形,中间缢缩轻微,果嘴中等,荚果网纹中等,种子圆柱形,种皮粉红色。主茎高54.3cm,第一对侧枝长64.7cm,总分枝5.7条,单株结果数24个,单株生产力14.3g。百果重116.0g,百仁重46.0g,出仁率70.0%。粗脂肪含量55.44%,粗蛋白质含量24.72%,油酸含量44.10%,亚油酸含量31.90%,油亚比1.38。

【利用价值】可直接用于花生生产,也可用作花生育种亲本。

57. 北海细豆

【采集地】广西北海市。

【类型及分布】珍珠豆型花生，分布于北海市及周边地区。

【主要特征特性】在南宁种植，生育期为120天，株型直立，疏枝，连续开花。荚果茧形，中间缢缩轻微，果嘴轻微，荚果网纹中等，种子圆锥形，种皮淡红色。主茎高43.0cm，第一对侧枝长53.8cm，总分枝10.0条，单株结果数30个，单株生产力23.0g。百果重69.2g，百仁重38.8g，出仁率74.8%。粗脂肪含量51.01%，粗蛋白质含量25.08%，油酸含量41.47%，亚油酸含量35.70%，油亚比1.16。

【利用价值】可直接用于花生生产，也可用作花生育种亲本。

58. 矮藤

【采集地】广西北海市合浦县。

【类型及分布】珍珠豆型花生,分布于合浦县及周边地区。

【主要特征特性】在南宁种植,生育期为125天,株型直立,疏枝,连续开花。荚果普通形,中间缢缩轻微,果嘴中等,荚果网纹中等,种子圆柱形,种皮粉红色。主茎高58.7cm,第一对侧枝长62.0cm,总分枝5.4条,单株结果数20个,单株生产力16.4g。百果重109.5g,百仁重44.0g,出仁率71.3%。粗脂肪含量53.82%,粗蛋白质含量25.83%,油酸含量43.92%,亚油酸含量33.67%,油亚比1.30。

【利用价值】可直接用于花生生产,也可用作花生育种亲本。

59. 细花生

【采集地】广西北海市合浦县。

【类型及分布】珍珠豆型花生，分布于合浦县及周边地区。

【主要特征特性】在南宁种植，生育期为120天，株型直立，疏枝，连续开花。荚果普通形，中间缢缩中等，果嘴中等，荚果网纹中等，种子圆柱形，种皮粉红色。主茎高46.2cm，第一对侧枝长54.1cm，总分枝5.4条，单株结果数23个，单株生产力19.6g。百果重115.5g，百仁重44.0g，出仁率70.5%。粗脂肪含量50.58%，粗蛋白质含量26.81%，油酸含量41.54%，亚油酸含量33.93%，油亚比1.22。

【利用价值】可直接用于花生生产，也可用作花生育种亲本。

60. 扶绥小花生

【采集地】广西崇左市扶绥县。

【类型及分布】珍珠豆型花生，分布于扶绥县及周边地区。

【主要特征特性】在南宁种植，生育期为125天，株型直立，疏枝，连续开花。荚果普通形，中间缢缩中等，果嘴轻微，荚果网纹中等，种子圆形，种皮粉红色。主茎高49.1cm，第一对侧枝长54.2cm，总分枝7.3条，单株结果数31个，单株生产力14.6g。百果重94.0g，百仁重44.0g，出仁率75.0%。粗脂肪含量52.77%，粗蛋白质含量25.22%，油酸含量41.47%，亚油酸含量32.17%，油亚比1.29。

【利用价值】可直接用于花生生产，也可用作花生育种亲本。

61. 坡江小花生

【采集地】广西崇左市天等县。

【类型及分布】珍珠豆型花生，分布于天等县及周边地区。

【主要特征特性】在南宁种植，生育期为 125 天，株型直立，疏枝，连续开花。荚果普通形，中间缢缩轻微到中等，果嘴中等，荚果网纹中等，种子圆柱形，种皮粉红色。主茎高 50.2cm，第一对侧枝长 56.7cm，总分枝 5.2 条，单株结果数 29 个，单株生产力 9.5g。百果重 112.0g，百仁重 47.0g，出仁率 70.0%。粗脂肪含量 52.71%，粗蛋白质含量 26.94%，油酸含量 42.46%，亚油酸含量 31.99%，油亚比 1.33。

【利用价值】可直接用于花生生产，也可用作花生育种亲本。

62. 三秋细花生

【采集地】广西崇左市江州区。

【类型及分布】珍珠豆型花生，分布于江州区及周边地区。

【主要特征特性】在南宁种植，生育期为125天，株型直立，疏枝，连续开花。荚果普通形，中间缢缩轻微，果嘴轻微到中等，荚果网纹中等，种子圆柱形，种皮粉红色。主茎高82.8cm，第一对侧枝长88.2cm，总分枝8.8条，单株结果数31个，单株生产力26.7g。百果重128.7g，百仁重53.0g，出仁率76.8%。粗脂肪含量53.36%，粗蛋白质含量26.29%，油酸含量44.02%，亚油酸含量31.94%，油亚比1.38。

【利用价值】可直接用于花生生产，也可用作花生育种亲本。

63. 狮子企

【采集地】广西防城港市上思县叫安镇那当村。

【类型及分布】珍珠豆型花生,分布于上思县叫安镇及周边地区。

【主要特征特性】在南宁种植,生育期为120天,株型直立,疏枝,连续开花。荚果蜂腰形,中间缢缩明显,果嘴中等,荚果网纹中等,种子圆柱形,种皮粉红色。主茎高45.3cm,第一对侧枝长55.4cm,总分枝6.6条,单株结果数27个,单株生产力25.6g。百果重125.0g,百仁重49.0g,出仁率70.0%。粗脂肪含量50.67%,粗蛋白质含量26.33%,油酸含量51.36%,亚油酸含量30.98%,油亚比1.66。

【利用价值】可直接用于花生生产,也可用作花生育种亲本。

64. 小红袍

【采集地】广西防城港市上思县。

【类型及分布】珍珠豆型花生,分布于上思县及周边地区。

【主要特征特性】在南宁种植,生育期为120天,株型直立,疏枝,连续开花。荚果普通形,中间缢缩轻微,果嘴轻微,荚果网纹中等,种子圆形,种皮粉红色。主茎高53.1cm,第一对侧枝长62.8cm,总分枝4.9条,单株结果数13个,单株生产力18.4g。百果重119.8g,百仁重45.0g,出仁率68.8%。粗脂肪含量52.06%,粗蛋白质含量25.68%,油酸含量42.98%,亚油酸含量37.03%,油亚比1.16。

【利用价值】可直接用于花生生产,也可用作花生育种亲本。

65. 平南红花生

【采集地】广西贵港市平南县。

【类型及分布】珍珠豆型花生,分布于平南县及周边地区。

【主要特征特性】在南宁种植,生育期为122天,株型直立,疏枝,连续开花。荚果茧形,中间缢缩轻微,果嘴轻微,荚果网纹明显,种子圆柱形,种皮深红色。主茎高56.5cm,第一对侧枝长65.4cm,总分枝7.0条,单株结果数17个,单株生产力27.2g。百果重172.4g,百仁重69.7g,出仁率69.8%。粗脂肪含量52.06%,粗蛋白质含量26.61%,油酸含量61.35%,亚油酸含量21.67%,油亚比2.83。

【利用价值】可直接用于鲜食红皮花生生产,也可用作红皮花生育种亲本。

66. 贵县梆豆

【采集地】广西贵港市覃塘区。

【类型及分布】珍珠豆型花生，分布于贵港市覃塘区及周边地区。

【主要特征特性】在南宁种植，生育期为125天，株型直立，疏枝，连续开花。荚果普通形，中间缢缩轻微，果嘴轻微，荚果网纹中等，种子圆形，种皮粉红色。主茎高47.0cm，第一对侧枝长48.5cm，总分枝4.7条，单株结果数47个，单株生产力13.6g。百果重113.5g，百仁重47.0g，出仁率67.5%。粗脂肪含量51.82%，粗蛋白质含量27.15%，油酸含量42.22%，亚油酸含量34.08%，油亚比1.24。

【利用价值】可直接用于花生生产，也可用作花生育种亲本。

67. 西江薄壳鸡窝

【采集地】广西贵港市覃塘区。

【类型及分布】珍珠豆型花生，分布于贵港市覃塘区及周边地区。

【主要特征特性】在南宁种植，生育期为125天，株型直立，疏枝，连续开花。荚果茧形，中间缢缩轻微，果嘴轻微，荚果网纹中等，种子圆形，种皮粉红色。主茎高43.2cm，第一对侧枝长47.2cm，总分枝5.7条，单株结果数25个，单株生产力21.5g。百果重128.0g，百仁重48.0g，出仁率66.3%。粗脂肪含量56.49%，粗蛋白质含量23.77%，油酸含量43.21%，亚油酸含量32.93%，油亚比1.31。

【利用价值】可直接用于花生生产，也可用作花生育种亲本。

68. 三里珍珠豆

【采集地】广西贵港市覃塘区三里镇。

【类型及分布】珍珠豆型花生，分布于贵港市覃塘区三里镇及周边地区。

【主要特征特性】在南宁种植，生育期为125天，株型直立，疏枝，连续开花。荚果普通形，中间缢缩轻微到中等，果嘴中等，荚果网纹中等，种子圆柱形，种皮粉红色。主茎高44.1cm，第一对侧枝长47.4cm，总分枝5.0条，单株结果数21个，单株生产力14.8g。百果重130.5g，百仁重51.0g，出仁率68.8%。粗脂肪含量53.35%，粗蛋白质含量27.22%，油酸含量40.65%，亚油酸含量34.85%，油亚比1.17。

【利用价值】可直接用于花生生产，也可用作花生育种亲本。

69. 贵县珍珠豆

【采集地】广西贵港市港北区。

【类型及分布】珍珠豆型花生，分布于贵港市港北区及周边地区。

【主要特征特性】在南宁种植，生育期为 125 天，株型直立，疏枝，连续开花。荚果普通形，中间缢缩轻微，果嘴轻微，荚果网纹中等，种子圆形，种皮粉红色。主茎高 47.1cm，第一对侧枝长 51.8cm，总分枝 4.7 条，单株结果数 41 个，单株生产力 16.9g。百果重 78.0g，百仁重 37.0g，出仁率 77.5%。粗脂肪含量 54.82%，粗蛋白质含量 26.92%，油酸含量 41.66%，亚油酸含量 32.62%，油亚比 1.28。

【利用价值】可直接用于花生生产，也可用作薄壳、高油花生育种亲本。

70. 平乐小花生

【采集地】广西桂林市平乐县。

【类型及分布】珍珠豆型花生，分布于平乐县及周边地区。

【主要特征特性】在南宁种植，生育期为125天，株型直立，疏枝，连续开花。荚果普通形，中间缢缩轻微，果嘴轻微，荚果网纹中等，种子圆柱形，种皮粉红色。主茎高49.8cm，第一对侧枝长48.6cm，总分枝5.0条，单株结果数21个，单株生产力14.2g。百果重93.5g，百仁重42.0g，出仁率73.8%。粗脂肪含量53.54%，粗蛋白质含量25.29%，油酸含量40.90%，亚油酸含量31.96%，油亚比1.28。

【利用价值】可直接用于花生生产，也可用作小粒花生育种亲本。

71. 全县花生

【采集地】广西桂林市全州县。

【类型及分布】珍珠豆型花生,分布于全州县及周边地区。

【主要特征特性】在南宁种植,生育期为 130 天,株型直立,疏枝,连续开花。荚果茧形,中间缢缩轻微,果嘴轻微,荚果网纹中等,种子圆形,种皮粉红色。主茎高 37.5cm,第一对侧枝长 41.0cm,总分枝 4.3 条,单株结果数 15 个,单株生产力 9.2g。百果重 119.5g,百仁重 46.0g,出仁率 68.8%。粗脂肪含量 52.72%,粗蛋白质含量 24.90%,油酸含量 43.05%,亚油酸含量 29.86%,油亚比 1.44。

【利用价值】可直接用于花生生产,也可用作花生育种亲本。

72. 福利花生

【采集地】广西桂林市阳朔县福利镇。

【类型及分布】珍珠豆型花生,分布于阳朔县福利镇及周边地区。

【主要特征特性】在南宁种植,生育期为120天,株型直立,疏枝,连续开花。荚果普通形,中间缢缩轻微,果嘴轻微,荚果网纹中等,种子圆柱形,种皮粉红色。主茎高50.6cm,第一对侧枝长61.6cm,总分枝6.8条,单株结果数25个,单株生产力26.9g。百果重142.3g,百仁重53.0g,出仁率67.5%。粗脂肪含量49.48%,粗蛋白质含量30.17%,油酸含量40.21%,亚油酸含量34.84%,油亚比1.15。

【利用价值】可直接用于花生生产,也可用作花生育种亲本。

73. 罗城小花生

【采集地】广西河池市罗城仫佬族自治县。

【类型及分布】珍珠豆型花生，分布于罗城仫佬族自治县及周边地区。

【主要特征特性】在南宁种植，生育期为125天，株型直立，疏枝，连续开花。荚果普通形，中间缢缩中等，果嘴轻微，荚果网纹中等，种子圆柱形，种皮粉红色。主茎高55.0cm，第一对侧枝长56.9cm，总分枝4.7条，单株结果数19个，单株生产力15.7g。百果重120.0g，百仁重46.0g，出仁率68.8%。粗脂肪含量54.02%，粗蛋白质含量26.20%，油酸含量44.51%，亚油酸含量31.26%，油亚比1.42。

【利用价值】可直接用于花生生产，也可用作花生育种亲本。

74. 宜山花生

【采集地】广西河池市宜州区。

【类型及分布】珍珠豆型花生，分布于宜州区及周边地区。

【主要特征特性】在南宁种植，生育期为125天，株型直立，疏枝，连续开花。荚果普通形，中间缢缩轻微，果嘴轻微，荚果网纹中等，种子圆柱形，种皮粉红色。主茎高58.4cm，第一对侧枝长62.0cm，总分枝4.8条，单株结果数15个，单株生产力9.5g。百果重112.5g，百仁重42.0g，出仁率66.3%。粗脂肪含量53.23%，粗蛋白质含量26.24%，油酸含量41.43%，亚油酸含量29.24%，油亚比1.42。

【利用价值】可直接用于花生生产，也可用作花生育种亲本。

75. 宜山大坡豆

【采集地】广西河池市宜州区。

【类型及分布】珍珠豆型花生，分布于宜州区及周边地区。

【主要特征特性】在南宁种植，生育期为125天，株型直立，疏枝，连续开花。荚果普通形，中间缢缩轻微，果嘴中等，荚果网纹中等，种子圆柱形，种皮粉红色。主茎高54.3cm，第一对侧枝长60.8cm，总分枝5.7条，单株结果数17个，单株生产力11.2g。百果重114.5g，百仁重40.0g，出仁率70.0%。粗脂肪含量53.47%，粗蛋白质含量25.94%，油酸含量43.65%，亚油酸含量30.68%，油亚比1.42。

【利用价值】可直接用于花生生产，也可用作花生育种亲本。

76. 石平大藤花生

【采集地】广西贺州市八步区。

【类型及分布】珍珠豆型花生,分布于贺州市八步区及周边地区。

【主要特征特性】在南宁种植,生育期为125天,株型直立,疏枝,连续开花。荚果蜂腰形,中间缢缩非常明显,果嘴轻微,荚果网纹中等,种子圆柱形,种皮粉红色。主茎高50.8cm,第一对侧枝长54.4cm,总分枝6.7条,单株结果数16个,单株生产力12.9g。百果重135.5g,百仁重49.4g,出仁率68.8%。粗脂肪含量53.27%,粗蛋白质含量26.24%,油酸含量42.78%,亚油酸含量32.80%,油亚比1.30。

【利用价值】可直接用于花生生产,也可用作花生育种亲本。

77. 贺县小花生

【采集地】广西贺州市八步区。

【类型及分布】珍珠豆型花生，分布于贺州市八步区及周边地区。

【主要特征特性】在南宁种植，生育期为125天，株型直立，疏枝，连续开花。荚果普通形，中间缢缩轻微，果嘴轻微，荚果网纹中等，种子圆柱形，种皮粉红色。主茎高55.1cm，第一对侧枝长62.2cm，总分枝5.9条，单株结果数21个，单株生产力19.7g。百果重156.0g，百仁重52.0g，出仁率66.3%。粗脂肪含量53.34%，粗蛋白质含量26.31%，油酸含量42.74%，亚油酸含量30.73%，油亚比1.39。

【利用价值】可直接用于花生生产，也可用作花生育种亲本。

78. 富川小花生

【采集地】广西贺州市富川瑶族自治县。

【类型及分布】珍珠豆型花生，分布于富川瑶族自治县及周边地区。

【主要特征特性】在南宁种植，生育期为120天，株型直立，疏枝，连续开花。荚果普通形，中间缢缩轻微到中等，果嘴轻微，荚果网纹轻微，种子圆形，种皮粉红色。主茎高49.0cm，第一对侧枝长58.9cm，总分枝6.2条，单株结果数29个，单株生产力21.0g。百果重88.0g，百仁重39.0g，出仁率76.2%。粗脂肪含量51.59%，粗蛋白质含量28.06%，油酸含量42.87%，亚油酸含量36.57%，油亚比1.17。

【利用价值】可直接用于花生生产，也可用作小粒花生育种亲本。

79. 合山花生

【采集地】广西来宾市合山市。

【类型及分布】珍珠豆型花生，分布于合山市及周边地区。

【主要特征特性】在南宁种植，生育期为 120 天，株型直立，疏枝，连续开花。荚果普通形，中间缢缩轻微到中等，果嘴轻微，荚果网纹轻微，种子圆柱形，种皮深红色。主茎高 62.2cm，第一对侧枝长 67.5cm，总分枝 7.0 条，单株结果数 18 个，单株生产力 22.1g。百果重 158.9g，百仁重 68.3g，出仁率 69.5%。粗脂肪含量 50.66%，粗蛋白质含量 29.09%，油酸含量 43.35%，亚油酸含量 39.60%，油亚比 1.09。

【利用价值】可直接应用于鲜食红皮花生生产，也可用作红皮花生育种亲本。

80. 武宣坡豆

【采集地】广西来宾市武宣县。

【类型及分布】珍珠豆型花生，分布于武宣县及周边地区。

【主要特征特性】在南宁种植，生育期为125天，株型直立，疏枝，连续开花。荚果普通形，中间缢缩轻微，果嘴中等，荚果网纹中等，种子圆柱形，种皮粉红色。主茎高40.1cm，第一对侧枝长48.1cm，总分枝5.3条，单株结果数18个，单株生产力13.6g。百果重120.0g，百仁重48.0g，出仁率70.0%。粗脂肪含量54.49%，粗蛋白质含量24.96%，油酸含量44.63%，亚油酸含量29.30%，油亚比1.52。

【利用价值】可直接用于花生生产，也可用作花生育种亲本。

81. 石龙红花生

【采集地】广西来宾市象州县石龙镇。

【类型及分布】珍珠豆型花生,分布于象州县石龙镇及周边地区。

【主要特征特性】在南宁种植,生育期为125天,株型直立,疏枝,连续开花。荚果普通形,中间缢缩轻微,果嘴轻微,荚果网纹轻微,种子圆柱形,种皮深红色。主茎高54.6cm,第一对侧枝长54.4cm,总分枝5.1条,单株结果数15个,单株生产力10.2g。百果重107.5g,百仁重42.0g,出仁率72.5%。粗脂肪含量52.52%,粗蛋白质含量27.13%,油酸含量42.49%,亚油酸含量29.54%,油亚比1.44。

【利用价值】可直接应用于鲜食红皮花生生产,也可用作红皮花生育种亲本。

82. 忻城小豆

【采集地】广西来宾市忻城县。

【类型及分布】珍珠豆型花生，分布于忻城县及周边地区。

【主要特征特性】在南宁种植，生育期为125天，株型直立，疏枝，连续开花。荚果普通形，中间缢缩中等，果嘴轻微，荚果网纹中等，种子圆柱形，种皮粉红色。主茎高45.9cm，第一对侧枝长52.8cm，总分枝5.5条，单株结果数19个，单株生产力14.3g。百果重98.0g，百仁重43.0g，出仁率73.8%。粗脂肪含量53.34%，粗蛋白质含量24.98%，油酸含量40.44%，亚油酸含量33.71%，油亚比1.20。

【利用价值】可直接用于花生生产，也可用作小粒花生育种亲本。

83. 忻城中豆

【采集地】广西来宾市忻城县。

【类型及分布】珍珠豆型花生，分布于忻城县及周边地区。

【主要特征特性】在南宁种植，生育期为125天，株型直立，疏枝，连续开花。荚果茧形，中间缢缩中等，果嘴中等，荚果网纹中等，种子圆柱形，种皮粉红色。主茎高44.2cm，第一对侧枝长48.7cm，总分枝8.6条，单株结果数23个，单株生产力16.1g。百果重121.0g，百仁重41.0g，出仁率66.3%。粗脂肪含量54.58%，粗蛋白质含量24.95%，油酸含量47.03%，亚油酸含量28.68%，油亚比1.64。

【利用价值】可直接用于花生生产，也可用作花生育种亲本。

84. 忻城扯花生

【采集地】广西来宾市忻城县。

【类型及分布】珍珠豆型花生，分布于忻城县及周边地区。

【主要特征特性】在南宁种植，生育期为125天，株型直立，疏枝，连续开花。荚果普通形，中间缢缩中等，果嘴轻微，荚果网纹中等，种子圆柱形，种皮粉红色。主茎高44.8cm，第一对侧枝长50.0cm，总分枝6.9条，单株结果数17个，单株生产力15.5g。百果重142.8g，百仁重53.9g，出仁率74.1%。粗脂肪含量52.88%，粗蛋白质含量24.08%，油酸含量41.84%，亚油酸含量33.71%，油亚比1.24。

【利用价值】可直接用于花生生产，也可用作花生育种亲本。

85. 来宾小子花生

【采集地】广西来宾市兴宾区。

【类型及分布】珍珠豆型花生，分布于兴宾区及周边地区。

【主要特征特性】在南宁种植，生育期为125天，株型直立，疏枝，连续开花。荚果普通形，中间缢缩轻微到中等，果嘴中等，荚果网纹中等，种子圆柱形，种皮粉红色。主茎高50.8cm，第一对侧枝长57.2cm，总分枝6.0条，单株结果数26个，单株生产力24.3g。百果重129.0g，百仁重48.0g，出仁率70.0%。粗脂肪含量51.31%，粗蛋白质含量28.34%，油酸含量42.74%，亚油酸含量31.97%，油亚比1.34。

【利用价值】可直接用于花生生产，也可用作花生育种亲本。

86. 来宾小豆

【采集地】广西来宾市兴宾区。

【类型及分布】珍珠豆型花生,分布于兴宾区及周边地区。

【主要特征特性】在南宁种植,生育期为125天,株型直立,疏枝,连续开花。荚果葫芦形,中间缢缩非常明显,果嘴轻微,荚果网纹中等,种子圆形,种皮粉红色。主茎高46.0cm,第一对侧枝长44.0cm,总分枝5.9条,单株结果数19个,单株生产力13.4g。百果重100.5g,百仁重43.0g,出仁率76.3%。粗脂肪含量53.15%,粗蛋白质含量25.02%,油酸含量42.46%,亚油酸含量31.60%,油亚比1.34。

【利用价值】可用作花生育种亲本。

87. 来宾地豆

【采集地】广西来宾市兴宾区。

【类型及分布】珍珠豆型花生，分布于兴宾区及周边地区。

【主要特征特性】在南宁种植，生育期为125天，株型直立，疏枝，连续开花。荚果普通形，中间缢缩中等，果嘴中等，荚果网纹中等，种子圆柱形，种皮粉红色。主茎高51.2cm，第一对侧枝长60.5cm，总分枝7.3条，单株结果数22个，单株生产力19.6g。百果重158.5g，百仁重55.0g，出仁率68.8%。粗脂肪含量53.35%，粗蛋白质含量26.30%，油酸含量42.90%，亚油酸含量33.11%，油亚比1.30。

【利用价值】可直接用于花生生产，也可用作花生育种亲本。

88. 大珍珠

【采集地】广西柳州市。

【类型及分布】珍珠豆型花生,分布于柳州市及周边地区。

【主要特征特性】在南宁种植,生育期为120天,株型直立,疏枝,连续开花。荚果普通形,中间缢缩轻微,果嘴轻微,荚果网纹轻微,种子圆柱形,种皮粉红色。主茎高87.3cm,第一对侧枝长96.7cm,总分枝11.0条,单株结果数23个,单株生产力22.5g。百果重133.9g,百仁重55.2g,出仁率68.0%。粗脂肪含量50.63%,粗蛋白质含量29.02%,油酸含量42.92%,亚油酸含量34.27%,油亚比1.25。

【利用价值】可直接用于花生生产,也可用作花生育种亲本。

89. 珍珠豆

【采集地】广西柳州市。

【类型及分布】珍珠豆型花生,分布于柳州市及周边地区。

【主要特征特性】在南宁种植,生育期为120天,株型直立,疏枝,连续开花。荚果普通形,中间缢缩中等,果嘴中等,荚果网纹中等,种子圆柱形,种皮粉红色。主茎高81.6cm,第一对侧枝长96.2cm,总分枝9.0条,单株结果数35个,单株生产力18.9g。百果重83.0g,百仁重44.4g,出仁率70.0%。粗脂肪含量49.56%,粗蛋白质含量24.30%,油酸含量44.43%,亚油酸含量33.89%,油亚比1.31。

【利用价值】可直接用于花生生产,也可用作花生育种亲本。

90. 小把小豆

【采集地】广西柳州市。

【类型及分布】珍珠豆型花生，分布于柳州市及周边地区。

【主要特征特性】在南宁种植，生育期为 120 天，株型直立，疏枝，连续开花。荚果普通形，中间缢缩轻微，果嘴轻微，荚果网纹中等，种子圆柱形，种皮粉红色。主茎高 76.1cm，第一对侧枝长 84.3cm，总分枝 9.0 条，单株结果数 23 个，单株生产力 18.0g。百果重 119.8g，百仁重 50.5g，出仁率 68.9%。粗脂肪含量 52.02%，粗蛋白质含量 26.13%，油酸含量 42.14%，亚油酸含量 33.37%，油亚比 1.26。

【利用价值】可直接用于花生生产，也可用作花生育种亲本。

91. 太平小扯豆

【采集地】广西柳州市柳城县太平镇。

【类型及分布】珍珠豆型花生，分布于柳城县太平镇及周边地区。

【主要特征特性】在南宁种植，生育期为125天，株型直立，疏枝，连续开花。荚果普通形，中间缢缩轻微，果嘴中等，荚果网纹中等，种子圆柱形，种皮粉红色。主茎高43.8cm，第一对侧枝长50.9cm，总分枝9.0条，单株结果数14个，单株生产力13.0g。百果重141.0g，百仁重53.0g，出仁率68.8%。粗脂肪含量53.59%，粗蛋白质含量24.08%，油酸含量42.25%，亚油酸含量31.70%，油亚比1.33。

【利用价值】可直接用于花生生产，也可用作花生育种亲本。

92. 柳城珍珠豆

【采集地】广西柳州市柳城县。

【类型及分布】珍珠豆型花生，分布于柳城县及周边地区。

【主要特征特性】在南宁种植，生育期为 125 天，株型直立，疏枝，连续开花。荚果普通形，中间缢缩中等，果嘴明显，荚果网纹中等，种子圆柱形，种皮粉红色。主茎高 48.3cm，第一对侧枝长 49.9cm，总分枝 5.8 条，单株结果数 21 个，单株生产力 19.5g。百果重 135.0g，百仁重 51.0g，出仁率 70.0%。粗脂肪含量 52.19%，粗蛋白质含量 24.95%，油酸含量 40.84%，亚油酸含量 32.65%，油亚比 1.25。

【利用价值】可直接用于花生生产，也可用作花生育种亲本。

93. 长塘花生

【采集地】广西柳州市柳北区长塘镇。

【类型及分布】珍珠豆型花生，分布于柳北区长塘镇及周边地区。

【主要特征特性】在南宁种植，生育期为 125 天，株型直立，疏枝，连续开花。荚果茧形，中间缢缩轻微，果嘴轻微，荚果网纹中等，种子圆形，种皮粉红色。主茎高 55.7cm，第一对侧枝长 62.1cm，总分枝 5.5 条，单株结果数 13 个，单株生产力 10.2g。百果重 131.0g，百仁重 46.0g，出仁率 65.0%。粗脂肪含量 53.53%，粗蛋白质含量 24.98%，油酸含量 41.04%，亚油酸含量 29.74%，油亚比 1.38。

【利用价值】可直接用于花生生产，也可用作花生育种亲本。

94. 柳州珍珠豆

【采集地】广西柳州市柳江区。

【类型及分布】珍珠豆型花生,分布于柳江区及周边地区。

【主要特征特性】在南宁种植,生育期为 125 天,株型直立,疏枝,连续开花。荚果普通形,中间缢缩轻微,果嘴轻微,荚果网纹中等,种子圆形,种皮粉红色。主茎高 40.2cm,第一对侧枝长 47.7cm,总分枝 5.3 条,单株结果数 32 个,单株生产力 18.1g。百果重 112.0g,百仁重 46.0g,出仁率 68.8%。粗脂肪含量 53.99%,粗蛋白质含量 25.90%,油酸含量 44.36%,亚油酸含量 30.61%,油亚比 1.45。

【利用价值】可直接用于小粒花生生产,也可用作花生育种亲本。

95. 南宁红花生

【采集地】广西南宁市。

【类型及分布】珍珠豆型花生，分布于南宁市及周边地区。

【主要特征特性】在南宁种植，生育期为120天，株型直立，疏枝，连续开花。荚果普通形，中间缢缩中等，果嘴轻微，荚果网纹中等，种子锥形，种皮深红色。主茎高52.2cm，第一对侧枝长67.0cm，总分枝10.0条，单株结果数27个，单株生产力21.7g。百果重101.8g，百仁重41.2g，出仁率72.4%。粗脂肪含量52.40%，粗蛋白质含量26.60%，油酸含量44.66%，亚油酸含量34.46%，油亚比1.30。

【利用价值】可直接用于小粒花生生产，也可用作小粒红皮花生育种亲本。

96. 安南地豆

【采集地】广西南宁市。

【类型及分布】珍珠豆型花生,分布于南宁市及周边地区。

【主要特征特性】在南宁种植,生育期为120天,株型直立,疏枝,连续开花。荚果普通形,中间缢缩轻微到中等,果嘴中等,荚果网纹中等到粗糙,种子锥形,种皮粉红色。主茎高65.6cm,第一对侧枝长78.8cm,总分枝19.0条,单株结果数17个,单株生产力18.3g。百果重110.6g,百仁重46.4g,出仁率69.8%。粗脂肪含量51.69%,粗蛋白质含量27.96%,油酸含量41.09%,亚油酸含量34.84%,油亚比1.18。

【利用价值】可直接用于小粒花生生产,也可用作小粒花生育种亲本。

97. 芦圩小花生

【采集地】广西南宁市宾阳县宾州镇。

【类型及分布】珍珠豆型花生，分布于宾阳县宾州镇及周边地区。

【主要特征特性】在南宁种植，生育期为125天，株型直立，疏枝，连续开花。荚果蜂腰形，中间缢缩明显，果嘴中等，荚果网纹中等，种子圆柱形，种皮粉红色。主茎高42.2cm，第一对侧枝长46.6cm，总分枝5.1条，单株结果数24个，单株生产力14.0g。百果重118.0g，百仁重45.0g，出仁率72.5%。粗脂肪含量55.96%，粗蛋白质含量25.50%，油酸含量45.11%，亚油酸含量29.49%，油亚比1.53。

【利用价值】可直接用于小粒花生生产，也可用作小粒花生育种亲本。

98. 玉林珍珠豆

【采集地】广西玉林市玉州区。

【类型及分布】珍珠豆型花生，分布于玉林市玉州区及周边地区。

【主要特征特性】在南宁种植，生育期为120天，株型直立，疏枝，连续开花。荚果茧形，中间缢缩轻微到中等，果嘴轻微，荚果网纹中等，种子圆锥形，种皮粉红色。主茎高65.2cm，第一对侧枝长73.6cm，总分枝8.0条，单株结果数24个，单株生产力19.5g。百果重132.6g，百仁重59.4g，出仁率71.0%。粗脂肪含量52.45%，粗蛋白质含量27.20%，油酸含量44.30%，亚油酸含量34.79%，油亚比1.27。

【利用价值】可直接用于花生生产，也可用作花生育种亲本。

99. 古林花生

【采集地】广西南宁市马山县。

【类型及分布】珍珠豆型花生，分布于马山县及周边地区。

【主要特征特性】在南宁种植，生育期为120天，株型直立，疏枝，连续开花。荚果普通形，中间缢缩轻微到中等，果嘴中等，荚果网纹中等，种子圆柱形，种皮粉红色。主茎高51.0cm，第一对侧枝长58.6cm，总分枝6.2条，单株结果数19个，单株生产力36.6g。百果重141.0g，百仁重53.0g，出仁率70.5%。粗脂肪含量50.79%，粗蛋白质含量25.60%，油酸含量40.17%，亚油酸含量35.38%，油亚比1.14。

【利用价值】可直接用于花生生产，也可用作花生育种亲本。

100. 红衣早花生

【采集地】广西梧州市苍梧县。

【类型及分布】珍珠豆型花生，分布于苍梧县及周边地区。

【主要特征特性】在南宁种植，生育期为120天，株型直立，疏枝，连续开花。荚果普通形，中间缢缩中等，果嘴中等，荚果网纹中等，种子圆柱形，种皮粉红色。主茎高56.8cm，第一对侧枝长57.6cm，总分枝5.6条，单株结果数23个，单株生产力30.6g。百果重115.5g，百仁重50.0g，出仁率72.5%。粗脂肪含量50.48%，粗蛋白质含量29.17%，油酸含量42.28%，亚油酸含量33.90%，油亚比1.25。

【利用价值】可直接用于小粒花生生产，也可用作小粒花生育种亲本。

101. 龙联花生

【采集地】广西南宁市上林县三里镇龙联村。

【类型及分布】珍珠豆型花生，分布于上林县三里镇龙联村及周边地区。

【主要特征特性】在南宁种植，生育期为125天，株型直立，疏枝，连续开花。荚果普通形，中间缢缩轻微，果嘴中等，荚果网纹中等，种子圆形，种皮深红色。主茎高40.9cm，第一对侧枝长46.2cm，总分枝7.0条，单株结果数28个，单株生产力19.3g。百果重109.0g，百仁重43.0g，出仁率70.0%。粗脂肪含量54.70%，粗蛋白质含量25.30%，油酸含量54.13%，亚油酸含量23.25%，油亚比2.33。

【利用价值】可直接用于小粒花生生产，也可用作小粒红皮花生育种亲本。

102. 澄太花生

【采集地】广西南宁市上林县澄泰乡。

【类型及分布】珍珠豆型花生，分布于上林县澄泰乡及周边地区。

【主要特征特性】在南宁种植，生育期为120天，株型直立，疏枝，连续开花。荚果茧形，中间缢缩轻微到中等，果嘴轻微到中等，荚果网纹光滑到中等，种子锥形，种皮粉红色。主茎高59.0cm，第一对侧枝长61.8cm，总分枝8.8条，单株结果数28个，单株生产力25.8g。百果重126.0g，百仁重50.0g，出仁率67.6%。粗脂肪含量50.10%，粗蛋白质含量29.55%，油酸含量42.46%，亚油酸含量34.56%，油亚比1.23。

【利用价值】可直接用于小粒花生生产，也可用作小粒花生育种亲本。

103. 蒲庙花生

【采集地】广西南宁市邕宁区蒲庙镇。

【类型及分布】珍珠豆型花生，分布于邕宁区蒲庙镇及周边地区。

【主要特征特性】在南宁种植，生育期为125天，株型直立，疏枝，连续开花。荚果普通形，中间缢缩中等，果嘴轻微，荚果网纹中等，种子圆柱形，种皮粉红色。主茎高51.0cm，第一对侧枝长68.2cm，总分枝10.0条，单株结果数29个，单株生产力22.0g。百果重114.7g，百仁重49.3g，出仁率75.9%。粗脂肪含量53.55%，粗蛋白质含量26.10%，油酸含量43.28%，亚油酸含量31.87%，油亚比1.36。

【利用价值】可直接用于小粒花生生产，也可用作小粒花生育种亲本。

104. 双良细花生

【采集地】广西南宁市邕宁区。

【类型及分布】珍珠豆型花生，分布于邕宁区及周边地区。

【主要特征特性】在南宁种植，生育期为 125 天，株型直立，疏枝，连续开花。荚果普通形，中间缢缩明显，果嘴中等，荚果网纹中等，种子圆形，种皮粉红色。主茎高 46.1cm，第一对侧枝长 52.9cm，总分枝 10.7 条，单株结果数 19 个，单株生产力 20.3g。百果重 131.0g，百仁重 50.0g，出仁率 66.3%。粗脂肪含量 54.56%，粗蛋白质含量 25.09%，油酸含量 43.54%，亚油酸含量 32.93%，油亚比 1.32。

【利用价值】可直接用于花生生产，也可用作花生育种亲本。

105. 睦屋拔豆

【采集地】广西钦州市灵山县陆屋镇。

【类型及分布】珍珠豆型花生，分布于灵山县陆屋镇及周边地区。

【主要特征特性】在南宁种植，生育期为125天，株型直立，疏枝，连续开花。荚果普通形，中间缢缩轻微到中等，果嘴轻微，荚果网纹中等，种子圆柱形，种皮粉红色。主茎高51.0cm，第一对侧枝长58.57cm，总分枝4.9条，单株结果数29个，单株生产力14.6g。百果重120.0g，百仁重50.0g，出仁率71.3%。粗脂肪含量54.59%，粗蛋白质含量23.50%，油酸含量44.28%，亚油酸含量32.01%，油亚比1.38。

【利用价值】可直接用于小粒花生生产，也可用作小粒花生育种亲本。

106. 山鸡罩

【采集地】广西梧州市岑溪市。

【类型及分布】珍珠豆型花生，分布于岑溪市及周边地区。

【主要特征特性】在南宁种植，生育期为120天，株型直立，疏枝，连续开花。荚果普通形，中间缢缩轻微到中等，果嘴轻微，荚果网纹中等，种子圆柱形，种皮粉红色。主茎高78.0cm，第一对侧枝长84.2cm，总分枝20.0条，单株结果数35个，单株生产力26.8g。百果重89.6g，百仁重40.9g，出仁率70.1%。粗脂肪含量50.41%，粗蛋白质含量29.24%，油酸含量40.52%，亚油酸含量34.48%，油亚比1.18。

【利用价值】可直接用于小粒花生生产，也可用作花生育种亲本。

107. 红皮花生

【采集地】广西玉林市玉州区。

【类型及分布】珍珠豆型花生，分布于玉林市玉州区及周边地区。

【主要特征特性】在南宁种植，生育期为 120 天，株型直立，疏枝，连续开花。荚果普通形，中间缢缩轻微到中等，果嘴轻微，荚果网纹中等，种子圆柱形，种皮淡红色。主茎高 59.0cm，第一对侧枝长 6.6cm，总分枝 11.0 条，单株结果数 15 个，单株生产力 15.7g。百果重 112.0g，百仁重 44.6g，出仁率 70.4%。粗脂肪含量 51.95%，粗蛋白质含量 26.40%，油酸含量 46.77%，亚油酸含量 32.22%，油亚比 1.45。

【利用价值】可直接用于小粒花生生产，也可用作小粒花生育种亲本。

108. 岑溪鸡罩豆

【采集地】广西梧州市岑溪市。

【类型及分布】珍珠豆型花生,分布于岑溪市及周边地区。

【主要特征特性】在南宁种植,生育期为125天,株型直立、疏枝、连续开花。荚果普通形,中间缢缩中等,果嘴轻微,荚果网纹中等,种子圆柱形,种皮粉红色。主茎高56.5cm,第一对侧枝长60.9cm,总分枝5.1条,单株结果数11个,单株生产力16.3g。百果重148.0g,百仁重51.0g,出仁率68.8%。粗脂肪含量54.92%,粗蛋白质含量26.40%,油酸含量42.77%,亚油酸含量32.62%,油亚比1.31。

【利用价值】可直接用于花生生产,也可用作花生育种亲本。

109. 北流鸡窝豆

【采集地】广西玉林市北流市西埌镇木棉村。

【类型及分布】珍珠豆型花生，分布于北流市西埌镇及周边地区。

【主要特征特性】在南宁种植，生育期为 125 天，株型直立，疏枝，连续开花。荚果茧形，中间缢缩轻微，果嘴轻微，荚果网纹中等，种子圆形，种皮粉红色。主茎高 43.2cm，第一对侧枝长 62.5cm，总分枝 5.0 条，单株结果数 42 个，单株生产力 20.7g。百果重 147.0g，百仁重 52.0g，出仁率 68.8%。粗脂肪含量 56.50%，粗蛋白质含量 26.50%，油酸含量 42.31%，亚油酸含量 31.73%，油亚比 1.33。

【利用价值】可直接用于花生生产，也可用作花生育种亲本。

110. 石南花生

【采集地】广西玉林市兴业县石南镇。

【类型及分布】珍珠豆型花生，分布于兴业县石南镇及周边地区。

【主要特征特性】在南宁种植，生育期为125天，株型直立，疏枝，连续开花。荚果普通形，中间缢缩中等，果嘴轻微，荚果网纹中等，种子圆形，种皮粉红色。主茎高48.3cm，第一对侧枝长54.4cm，总分枝5.8条，单株结果数22个，单株生产力20.8g。百果重98.0g，百仁重45.0g，出仁率68.8%。粗脂肪含量54.46%，粗蛋白质含量26.00%，油酸含量44.69%，亚油酸含量31.47%，油亚比1.42。

【利用价值】可直接用于小粒花生生产，也可用作花生育种亲本。

111. 沙浪花生

【采集地】广西玉林市玉州区。

【类型及分布】珍珠豆型花生，分布于玉林市玉州区及周边地区。

【主要特征特性】在南宁种植，生育期为125天，株型直立，疏枝，连续开花。荚果普通形，中间缢缩中等，果嘴轻微，荚果网纹中等，种子圆柱形，种皮粉红色。主茎高51.6cm，第一对侧枝长60.8cm，总分枝5.0条，单株结果数32个，单株生产力24.8g。百果重97.5g，百仁重43.0g，出仁率71.3%。粗脂肪含量55.07%，粗蛋白质含量18.40%，油酸含量44.95%，亚油酸含量31.28%，油亚比1.44。

【利用价值】可直接用于小粒花生生产，也可用作高油花生育种亲本。

112. 玉林地豆

【采集地】广西玉林市玉州区。

【类型及分布】珍珠豆型花生,分布于玉林市玉州区及周边地区。

【主要特征特性】在南宁种植,生育期为125天,株型直立,疏枝,连续开花。荚果茧形,中间缢缩轻微,果嘴轻微,荚果网纹中等,种子圆柱形,种皮粉红色。主茎高50.3cm,第一对侧枝长57.6cm,总分枝5.1条,单株结果数28个,单株生产力18.1g。百果重96.5g,百仁重44.0g,出仁率67.5%。粗脂肪含量52.70%,粗蛋白质含量25.00%,油酸含量53.40%,亚油酸含量24.70%,油亚比2.16。

【利用价值】可直接用于小粒花生生产,也可用作花生育种亲本。

113. 仁东薄壳鸡罩

【采集地】广西玉林市玉州区仁东镇。

【类型及分布】珍珠豆型花生,分布于玉州区仁东镇及周边地区。

【主要特征特性】在南宁种植,生育期为125天,株型直立,疏枝,连续开花。荚果普通形,中间缢缩中等,果嘴轻微,荚果网纹中等,种子圆柱形,种皮粉红色。主茎高46.6cm,第一对侧枝长54.4cm,总分枝5.1条,单株结果数31个,单株生产力14.6g。百果重99.0g,百仁重42.0g,出仁率68.8%。粗脂肪含量54.48%,粗蛋白质含量25.17%,油酸含量43.01%,亚油酸含量33.25%,油亚比1.29。

【利用价值】可直接用于小粒花生生产,也可用作小粒花生育种亲本。

第二节　龙生型花生

1. 凌乐大花生

【采集地】广西百色市凌云县。

【类型及分布】龙生型花生，曾经分布于凌云县及周边地区。

【主要特征特性】在南宁种植，生育期为160天，株型匍匐，密枝，交替开花。荚果普通形，中间缢缩轻微到中等，果嘴中等，荚果网纹中等，种子圆柱形，种皮粉红色。主茎高48.3cm，第一对侧枝长82.5cm，总分枝82.1条，单株结果数73个，单株生产力67.1g。百果重180.0g，百仁重64.0g，出仁率66.4%。粗脂肪含量52.43%，粗蛋白质含量30.05%，油酸含量63.43%，亚油酸含量15.83%，油亚比4.01。

【利用价值】可用作花生育种亲本或作为基因资源储备用于基础研究。

2. 睦边大花生

【采集地】 广西百色市那坡县。

【类型及分布】 龙生型花生,曾经分布于百色市那坡县及周边地区。

【主要特征特性】 在南宁种植,生育期为160天,株型匍匐,密枝,交替开花。荚果普通形,中间缢缩轻微,果嘴中等,荚果网纹明显,种子圆柱形,种皮粉红色。主茎高50.5cm,第一对侧枝长72.7cm,总分枝42.2条,单株结果数25个,单株生产力26.3g。百果重175.0g,百仁重68.0g,出仁率69.0%。粗脂肪含量51.88%,粗蛋白质含量29.77%,油酸含量55.57%,亚油酸含量21.71%,油亚比2.56。

【利用价值】 可用作花生育种亲本或作为基因资源储备用于基础研究。

3. 涠洲豆仔

【采集地】广西北海市海城区涠洲镇。

【类型及分布】龙生型花生,曾经分布于北海市海城区涠洲镇及周边地区。

【主要特征特性】在南宁种植,生育期为155天,株型匍匐,密枝,交替开花。荚果普通形,中间缢缩中等,果嘴中等到明显,荚果网纹粗糙,种子圆柱形,种皮浅褐色。主茎高34.8cm,第一对侧枝长77.3cm,总分枝58.6条,单株结果数116个,单株生产力61.6g。百果重83.0g,百仁重37.0g,出仁率73.0%。粗脂肪含量54.37%,粗蛋白质含量22.41%,油酸含量54.88%,亚油酸含量25.42%,油亚比2.16。

【利用价值】可用作花生育种亲本或作为基因资源储备用于基础研究。

4. 宁明五区峙行

【采集地】广西崇左市宁明县。

【类型及分布】龙生型花生，曾经分布于崇左市宁明县及周边地区。

【主要特征特性】在南宁种植，生育期为160天，株型匍匐，密枝，交替开花。荚果曲棍形，中间缢缩中等，果嘴明显，荚果网纹明显，种子圆柱形，种皮粉红色。主茎高56.7cm，第一对侧枝长73.0cm，总分枝82.7条，单株结果数81个，单株生产力96.3g。百果重203.0g，百仁重63.0g，出仁率63.0%。粗脂肪含量50.70%，粗蛋白质含量29.21%，油酸含量51.10%，亚油酸含量24.30%，油亚比2.10。

【利用价值】可用作花生育种亲本或作为基因资源储备用于基础研究。

5. 天等大隆花生

【采集地】广西崇左市天等县天等镇大隆村。

【类型及分布】龙生型花生，曾经分布于崇左市天等县天等镇及周边地区。

【主要特征特性】在南宁种植，生育期为160天，株型匍匐，密枝，交替开花。荚果普通形，中间缢缩轻微，果嘴非常明显，荚果网纹明显，种子圆柱形，种皮浅褐色。主茎高49.0cm，第一对侧枝长66.5cm，总分枝23.3条，单株结果数36个，单株生产力40.9g。百果重185.0g，百仁重71.0g，出仁率71.0%。粗脂肪含量53.67%，粗蛋白质含量27.71%，油酸含量56.97%，亚油酸含量20.59%，油亚比2.77。

【利用价值】可用作花生育种亲本或作为基因资源储备用于基础研究。

6. 贵县大花生

【采集地】广西贵港市覃塘区。

【类型及分布】龙生型花生,曾经分布于贵港市覃塘区及周边地区。

【主要特征特性】在南宁种植,生育期为160天,株型匍匐,密枝,交替开花。荚果曲棍形,中间缢缩轻微,果嘴明显,荚果网纹明显,种子圆柱形,种皮浅褐色。主茎高41.0cm,第一对侧枝长73.1cm,总分枝43.3条,单株结果数19个,单株生产力22.1g。百果重165.0g,百仁重70.0g,出仁率73.0%。粗脂肪含量53.66%,粗蛋白质含量27.16%,油酸含量54.95%,亚油酸含量22.79%,油亚比2.41。

【利用价值】可用作花生育种亲本或作为基因资源储备用于基础研究。

7. 贵县不论地

【采集地】广西贵港市港北区。

【类型及分布】龙生型花生,曾经分布于贵港市港北区及周边地区。

【主要特征特性】在南宁种植,生育期为160天,株型匍匐,密枝,交替开花。荚果串珠形,中间缢缩轻微,果嘴明显,荚果网纹明显,种子圆柱形,种皮浅褐色。主茎高45.8cm,第一对侧枝长61.5cm,总分枝71.5条,单株结果数77个,单株生产力63.3g。百果重125.0g,百仁重47.0g,出仁率77.0%。粗脂肪含量51.39%,粗蛋白质含量28.52%,油酸含量45.24%,亚油酸含量30.28%,油亚比1.49。

【利用价值】可用作花生育种亲本或作为基因资源储备用于基础研究。

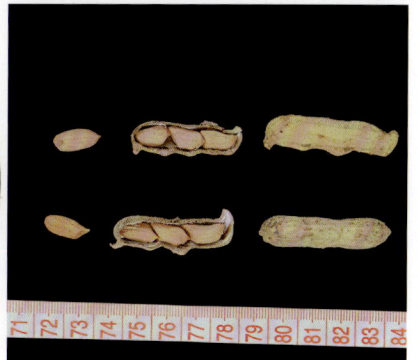

8. 兰花鸡嘴豆

【采集地】广西贵港市港南区新塘镇边岸村。

【类型及分布】龙生型花生，曾经分布于港南区新塘镇及周边地区。

【主要特征特性】在南宁种植，生育期为 160 天，株型匍匐，密枝，交替开花。荚果曲棍形，中间缢缩中等，果嘴明显，荚果网纹明显，种子圆柱形，种皮浅褐色。主茎高 42.3cm，第一对侧枝长 60.6cm，总分枝 16.1 条，单株结果数 35 个，单株生产力 30.0g。百果重 135.0g，百仁重 51.0g，出仁率 72.0%。粗脂肪含量 51.95%，粗蛋白质含量 28.25%，油酸含量 43.11%，亚油酸含量 32.62%，油亚比 1.32。

【利用价值】可用作花生育种亲本或作为基因资源储备用于基础研究。

9. 容县铺豆

【采集地】广西玉林市容县。

【类型及分布】龙生型花生，曾经分布于容县及周边地区。

【主要特征特性】在南宁种植，生育期为160天，株型匍匐，密枝，交替开花。荚果普通形，中间缢缩中等，果嘴非常明显，荚果网纹明显，种子圆柱形，种皮浅褐色。主茎高46.6cm，第一对侧枝长55.3cm，总分枝47.6条，单株结果数56个，单株生产力60.9g。百果重170.0g，百仁重71.6g，出仁率72.4%。粗脂肪含量52.52%，粗蛋白质含量28.98%，油酸含量51.20%，亚油酸含量25.53%，油亚比2.01。

【利用价值】可用作花生育种亲本或作为基因资源储备用于基础研究。

10. 桂平中豆

【采集地】广西贵港市桂平市。

【类型及分布】龙生型花生，曾经分布于桂平市及周边地区。

【主要特征特性】在南宁种植，生育期为160天，株型匍匐，密枝，交替开花。荚果普通形，中间缢缩轻微，果嘴明显，荚果网纹明显，种子圆柱形，种皮浅褐色。主茎高40.0cm，第一对侧枝长60.2cm，总分枝63.0条，单株结果数83个，单株生产力80.7g。百果重152.0g，百仁重56.6g，出仁率66.0%。粗脂肪含量48.92%，粗蛋白质含量29.29%，油酸含量50.83%，亚油酸含量25.28%，油亚比2.01。

【利用价值】可用作花生育种亲本或作为基因资源储备用于基础研究。

11. 石卡豆

【采集地】广西贵港市桂平市。

【类型及分布】龙生型花生，曾经分布于桂平市及周边地区。

【主要特征特性】在南宁种植，生育期为160天，株型匍匐，密枝，交替开花。荚果曲棍形，中间缢缩中等，果嘴明显，荚果网纹明显，种子圆柱形，种皮粉红色。主茎高34.2cm，第一对侧枝长57.8cm，总分枝22.9条，单株结果数105个，单株生产力76.8g。百果重93.0g，百仁重44.0g，出仁率71.4%。粗脂肪含量49.23%，粗蛋白质含量24.62%，油酸含量67.61%，亚油酸含量17.47%，油亚比3.87。

【利用价值】可用作花生育种亲本或作为基因资源储备用于基础研究。

12. 平南直腰豆

【采集地】广西贵港市平南县。

【类型及分布】龙生型花生，曾经分布于平南县及周边地区。

【主要特征特性】在南宁种植，生育期为160天，株型匍匐，密枝，交替开花。荚果曲棍形，中间缢缩轻微，果嘴中等到明显，荚果网纹中等到粗糙，种子圆柱形，种皮粉红色。主茎高40.6cm，第一对侧枝长68.3cm，总分枝81.5条，单株结果数78个，单株生产力78.7g。百果重160.0g，百仁重59.0g，出仁率72.0%。粗脂肪含量50.06%，粗蛋白质含量28.97%，油酸含量49.17%，亚油酸含量28.63%，油亚比1.72。

【利用价值】可用作花生育种亲本或作为基因资源储备用于基础研究。

13. 平南石腰豆

【采集地】广西贵港市平南县。

【类型及分布】龙生型花生，曾经分布于平南县及周边地区。

【主要特征特性】在南宁种植，生育期为160天，株型匍匐，密枝，交替开花。荚果曲棍形，中间缢缩轻微，果嘴中等，荚果网纹明显，种子圆柱形，种皮粉红色。主茎高38.1cm，第一对侧枝长65.6cm，总分枝33.8条，单株结果数108个，单株生产力107.1g。百果重155.0g，百仁重53.0g，出仁率65.0%。粗脂肪含量50.25%，粗蛋白质含量29.09%，油酸含量52.10%，亚油酸含量25.44%，油亚比2.05。

【利用价值】可用作花生育种亲本或作为基因资源储备用于基础研究。

14. 恭城小洋子

【采集地】广西桂林市恭城瑶族自治县。

【类型及分布】龙生型花生，曾经分布于恭城瑶族自治县及周边地区。

【主要特征特性】在南宁种植，生育期为160天，株型匍匐，密枝，交替开花。荚果普通形，中间缢缩轻微，果嘴明显，荚果网纹中等，种子圆柱形，种皮粉红色。主茎高40.6cm，第一对侧枝长70.1cm，总分枝25.7条，单株结果数27个，单株生产力21.3g。百果重130.0g，百仁重54.0g，出仁率71.0%。粗脂肪含量48.96%，粗蛋白质含量29.16%，油酸含量58.19%，亚油酸含量19.62%，油亚比2.97。

【利用价值】可用作花生育种亲本或作为基因资源储备用于基础研究。

15. 瑶上小麻壳

【采集地】广西桂林市灌阳县。

【类型及分布】龙生型花生,曾经分布于灌阳县及周边地区。

【主要特征特性】在南宁种植,生育期为160天,株型匍匐,密枝,交替开花。荚果普通形,中间缢缩无,果嘴轻微,荚果网纹中等,种子圆柱形,种皮粉红色。主茎高64.8cm,第一对侧枝长77.3cm,总分枝29.3条,单株结果数51个,单株生产力63.6g。百果重195.0g,百仁重77.5g,出仁率67.4%。粗脂肪含量53.25%,粗蛋白质含量29.40%,油酸含量49.42%,亚油酸含量28.72%,油亚比1.72。

【利用价值】可用作花生育种亲本或作为基因资源储备用于基础研究。

16. 荔浦大挖豆

【采集地】广西桂林市荔浦市。

【类型及分布】龙生型花生，曾经分布于荔浦市及周边地区。

【主要特征特性】在南宁种植，生育期为160天，株型匍匐，密枝，交替开花。荚果斧头形，中间缢缩中等，果嘴明显，荚果网纹中等，种子圆柱形，种皮粉红色。主茎高42.0cm，第一对侧枝长74.6cm，总分枝82.1条，单株结果数142个，单株生产力109.2g。百果重145.0g，百仁重66.0g，出仁率72.0%。粗脂肪含量49.40%，粗蛋白质含量29.18%，油酸含量61.03%，亚油酸含量18.87%，油亚比3.23。

【利用价值】可用作花生育种亲本或作为基因资源储备用于基础研究。

17. 平乐子

【采集地】广西桂林市平乐县。

【类型及分布】龙生型花生,曾经分布于平乐县及周边地区。

【主要特征特性】在南宁种植,生育期为160天,株型匍匐,密枝,交替开花。荚果普通形,中间缢缩轻微到中等,果嘴中等,荚果网纹明显,种子圆柱形,种皮粉红色。主茎高40.3cm,第一对侧枝长76.3cm,总分枝88.0条,单株结果数118个,单株生产力101.2g。百果重150.0g,百仁重60.0g,出仁率64.0%。粗脂肪含量50.46%,粗蛋白质含量26.14%,油酸含量56.39%,亚油酸含量22.81%,油亚比2.47。

【利用价值】可用作花生育种亲本或作为基因资源储备用于基础研究。

18. 平乐年年豆

【采集地】广西桂林市平乐县。

【类型及分布】龙生型花生，曾经分布于平乐县及周边地区。

【主要特征特性】在南宁种植，生育期为160天，株型匍匐，密枝，交替开花。荚果曲棍形，中间缢缩中等，果嘴明显，荚果网纹明显，种子圆柱形，种皮粉红色。主茎高36.0cm，第一对侧枝长80.6cm，总分枝31.2条，单株结果数66个，单株生产57.1g。百果重135.0g，百仁重50.0g，出仁率62.0%。粗脂肪含量51.47%，粗蛋白质含量29.38%，油酸含量57.72%，亚油酸含量21.20%，油亚比2.72。

【利用价值】可用作花生育种亲本或作为基因资源储备用于基础研究。

19. 全州凤凰麻布

【采集地】广西桂林市全州县凤凰镇。

【类型及分布】龙生型花生，曾经分布于全州县凤凰镇及周边地区。

【主要特征特性】在南宁种植，生育期为150天，株型匍匐，密枝，交替开花。荚果曲棍形，中间缢缩中等，果嘴明显，荚果网纹明显，种子圆柱形，种皮浅褐色。主茎高47.3cm，第一对侧枝长84.5cm，总分枝24.0条，单株结果数44个，单株生产力39.1g。百果重205.0g，百仁重68.0g，出仁率71.0%。粗脂肪含量54.51%，粗蛋白质含量27.97%，油酸含量45.22%，亚油酸含量32.19%，油亚比1.40。

【利用价值】可用作花生育种亲本或作为基因资源储备用于基础研究。

20. 挖子大花生

【采集地】广西桂林市兴安县。

【类型及分布】龙生型花生，曾经分布于兴安县及周边地区。

【主要特征特性】在南宁种植，生育期为160天，株型匍匐，密枝，交替开花。荚果曲棍形，中间缢缩中等，果嘴明显，荚果网纹明显，种子圆柱形，种皮粉红色。主茎高27.1cm，第一对侧枝长58.3cm，总分枝85.8条，单株结果数131个，单株生产力151.3g。百果重180.5g，百仁重67.0g，出仁率75.0%。粗脂肪含量49.96%，粗蛋白质含量25.67%，油酸含量58.06%，亚油酸含量21.37%，油亚比2.72。

【利用价值】可用作花生育种亲本或作为基因资源储备用于基础研究。

21. 阳朔大眼豆

【采集地】广西桂林市阳朔县福利镇。

【类型及分布】龙生型花生，曾经分布于阳朔县福利镇及周边地区。

【主要特征特性】在南宁种植，生育期为 160 天，株型匍匐，密枝，交替开花。荚果普通形，中间缢缩轻微，果嘴非常明显，荚果网纹明显，种子圆柱形，种皮粉红色。主茎高 39.6cm，第一对侧枝长 61.5cm，总分枝 21.1 条，单株结果数 33 个，单株生产力 32.1g。百果重 152.0g，百仁重 58.0g，出仁率 58.0%。粗脂肪含量 53.83%，粗蛋白质含量 28.17%，油酸含量 59.74%，亚油酸含量 19.48%，油亚比 3.07。

【利用价值】可用作花生育种亲本或作为基因资源储备用于基础研究。

22. 永福大子花生

【采集地】广西桂林市永福县。

【类型及分布】龙生型花生,曾经分布于永福县及周边地区。

【主要特征特性】在南宁种植,生育期为160天,株型匍匐,密枝,交替开花。荚果普通形,中间缢缩极轻微,果嘴中等,荚果网纹中等,种子圆柱形,种皮粉红色。主茎高47.1cm,第一对侧枝长77.5cm,总分枝35.2条,单株结果数42个,单株生产力33.6g。百果重125.0g,百仁重62.0g,出仁率71.0%。粗脂肪含量50.90%,粗蛋白质含量26.39%,油酸含量62.24%,亚油酸含量18.51%,油亚比3.36。

【利用价值】可用作花生育种亲本或作为基因资源储备用于基础研究。

23. 巴马塘乐花生

【采集地】广西河池市巴马瑶族自治县那桃乡平林村塘乐屯。

【类型及分布】龙生型花生，曾经分布于巴马瑶族自治县那桃乡及周边地区。

【主要特征特性】在南宁种植，生育期为160天，株型匍匐，密枝，交替开花。荚果曲棍形，中间缢缩中等，果嘴明显，荚果网纹明显，种子圆柱形，种皮浅褐色。主茎高22.8cm，第一对侧枝长50.3cm，总分枝42.8条，单株结果数44个，单株生产力43.3g。百果重115.0g，百仁重47.6g，出仁率78.0%。粗脂肪含量49.46%，粗蛋白质含量30.01%，油酸含量61.36%，亚油酸含量20.99%，油亚比2.92。

【利用价值】可用作花生育种亲本或作为基因资源储备用于基础研究。

24. 宜山大棵花生

【采集地】广西河池市宜州区。

【类型及分布】龙生型花生，曾经分布于宜州区及周边地区。

【主要特征特性】在南宁种植，生育期为 160 天，株型匍匐，密枝，交替开花。荚果曲棍形，中间缢缩中等，果嘴中等，荚果网纹明显，种子圆柱形，种皮粉红色。主茎高 65.2cm，第一对侧枝长 73.8cm，总分枝 89.1 条，单株结果数 99 个，单株生产力 113.8g。百果重 135.0g，百仁重 52.0g，出仁率 68.0%。粗脂肪含量 52.41%，粗蛋白质含量 27.72%，油酸含量 56.75%，亚油酸含量 21.74%，油亚比 2.61。

【利用价值】可用作花生育种亲本或作为基因资源储备用于基础研究。

25. 宜山大子花生

【采集地】广西河池市宜州区。

【类型及分布】龙生型花生，曾经分布于宜州区及周边地区。

【主要特征特性】在南宁种植，生育期为160天，株型匍匐，密枝，交替开花。荚果普通形，中间缢缩轻微，果嘴轻微，荚果网纹中等，种子圆形，种皮粉红色。主茎高40.7cm，第一对侧枝长94.7cm，总分枝24.7条，单株结果数34个，单株生产力30.5g。百果重140.0g，百仁重54.0g，出仁率76.0%。粗脂肪含量50.85%，粗蛋白质含量26.89%，油酸含量41.69%，亚油酸含量32.00%，油亚比1.30。

【利用价值】可用作花生育种亲本或作为基因资源储备用于基础研究。

26. 石别蔓生花生

【采集地】广西河池市宜州区石别镇。

【类型及分布】龙生型花生，曾经分布于宜州区石别镇及周边地区。

【主要特征特性】在南宁种植，生育期为160天，株型匍匐，密枝，交替开花。荚果曲棍形，中间缢缩轻微，果嘴中等，荚果网纹明显，种子圆柱形，种皮浅褐色。主茎高39.7cm，第一对侧枝长62.2cm，总分枝15.9条，单株结果数25个，单株生产力23.1g。百果重137.5g，百仁重59.0g，出仁率73.0%。粗脂肪含量50.13%，粗蛋白质含量24.89%，油酸含量45.58%，亚油酸含量33.97%，油亚比1.34。

【利用价值】可用作花生育种亲本或作为基因资源储备用于基础研究。

27. 贺县大子豆

【采集地】广西贺州市八步区。

【类型及分布】龙生型花生，曾经分布于贺州市八步区及周边地区。

【主要特征特性】在南宁种植，生育期为160天，株型匍匐，密枝，交替开花。荚果普通形，中间缢缩轻微，果嘴中等，荚果网纹中等，种子圆柱形，种皮粉红色。主茎高50.1cm，第一对侧枝长84.2cm，总分枝72.2条，单株结果数86个，单株生产力72.7g。百果重132.0g，百仁重61.0g，出仁率67.0%。粗脂肪含量52.00%，粗蛋白质含量28.40%，油酸含量62.68%，亚油酸含量15.76%，油亚比3.98。

【利用价值】可用作花生育种亲本或作为基因资源储备用于基础研究。

28. 贺县高心豆

【采集地】广西贺州市八步区信都镇。

【类型及分布】龙生型花生,曾经分布于八步区信都镇及周边地区。

【主要特征特性】在南宁种植,生育期为160天,株型匍匐,密枝,交替开花。荚果普通形,中间缢缩轻微,果嘴中等,荚果网纹中等,种子圆柱形,种皮粉红色。主茎高44.5cm,第一对侧枝长79.0cm,总分枝28.6条,单株结果数44个,单株生产力39.1g。百果重150.0g,百仁重68.0g,出仁率69.0%。粗脂肪含量49.86%,粗蛋白质含量28.45%,油酸含量55.14%,亚油酸含量22.34%,油亚比2.47。

【利用价值】可用作花生育种亲本或作为基因资源储备用于基础研究。

29. 富川大花生

【采集地】广西贺州市富川瑶族自治县。

【类型及分布】龙生型花生，曾经分布于富川瑶族自治县及周边地区。

【主要特征特性】在南宁种植，生育期为160天，株型匍匐，密枝，交替开花。荚果曲棍形，中间缢缩轻微，果嘴中等，荚果网纹中等，种子圆柱形，种皮粉红色。主茎高51.0cm，第一对侧枝长85.0cm，总分枝38.0条，单株结果数54个，单株生产力59.4g。百果重172.0g，百仁重66.0g，出仁率77.0%。粗脂肪含量52.14%，粗蛋白质含量22.36%，油酸含量71.32%，亚油酸含量14.69%，油亚比4.86。

【利用价值】可用作花生育种亲本或作为基因资源储备用于基础研究。

30. 南宁小

【采集地】广西来宾市兴宾区。

【类型及分布】龙生型花生,曾经分布于兴宾区及周边地区。

【主要特征特性】在南宁种植,生育期为160天,株型匍匐,密枝,交替开花。荚果串珠形,中间缢缩轻微,果嘴中等,荚果网纹中等,种子圆柱形,种皮粉红色。主茎高58.0cm,第一对侧枝长101.0cm,总分枝46.0条,单株结果数36个,单株生产力25.5g。百果重110.5g,百仁重43.0g,出仁率73.7%。粗脂肪含量53.00%,粗蛋白质含量24.54%,油酸含量50.31%,亚油酸含量31.83%,油亚比1.58。

【利用价值】可用作花生育种亲本或作为基因资源储备用于基础研究。

31. 武宣老花生

【采集地】广西来宾市武宣县。

【类型及分布】龙生型花生，曾经分布于武宣县及周边地区。

【主要特征特性】在南宁种植，生育期为 160 天，株型匍匐，密枝，交替开花。荚果曲棍形，中间缢缩轻微，果嘴明显，荚果网纹明显，种子圆柱形，种皮粉红色。主茎高 67.5cm，第一对侧枝长 86.4cm，总分枝 71.1 条，单株结果数 68 个，单株生产力 65.1g。百果重 140.0g，百仁重 54.0g，出仁率 76.0%。粗脂肪含量 50.37%，粗蛋白质含量 29.59%，油酸含量 48.84%，亚油酸含量 27.85%，油亚比 1.75。

【利用价值】可用作花生育种亲本或作为基因资源储备用于基础研究。

32. 象州年年豆

【采集地】广西来宾市象州县。

【类型及分布】龙生型花生，曾经分布于象州县及周边地区。

【主要特征特性】在南宁种植，生育期为160天，株型匍匐，密枝，交替开花。荚果斧头形，中间缢缩无，果嘴中等，荚果网纹中等，种子圆柱形，种皮粉红色。主茎高31.0cm，第一对侧枝长70.0cm，总分枝76.0条，单株结果数88个，单株生产力74.2g。百果重148.5g，百仁重63.0g，出仁率73.9%。粗脂肪含量52.66%，粗蛋白质含量27.11%，油酸含量63.63%，亚油酸含量17.74%，油亚比3.59。

【利用价值】可用作花生育种亲本或作为基因资源储备用于基础研究。

33. 樟木大花生

【采集地】广西来宾市象州县。

【类型及分布】龙生型花生，曾经分布于象州县及周边地区。

【主要特征特性】在南宁种植，生育期为160天，株型匍匐，密枝，交替开花。荚果曲棍形，中间缢缩轻微，果嘴明显，荚果网纹明显，种子圆柱形，种皮粉红色。主茎高42.8cm，第一对侧枝长77.9cm，总分枝20.9条，单株结果数29个，单株生产力26.6g。百果重147.5g，百仁重58.0g，出仁率70.0%。粗脂肪含量51.39%，粗蛋白质含量28.01%，油酸含量62.98%，亚油酸含量18.33%，油亚比3.44。

【利用价值】可用作花生育种亲本或作为基因资源储备用于基础研究。

34. 来宾大豆

【采集地】广西来宾市兴宾区陶邓镇。

【类型及分布】龙生型花生，曾经分布于兴宾区陶邓镇及周边地区。

【主要特征特性】在南宁种植，生育期为160天，株型匍匐，密枝，交替开花。荚果普通形，中间缢缩轻微，果嘴中等，荚果网纹明显，种子圆柱形，种皮粉红色。主茎高39.3cm，第一对侧枝长79.5cm，总分枝63.9条，单株结果数74个，单株生产力63.4g。百果重155.0g，百仁重66.0g，出仁率73.0%。粗脂肪含量51.31%，粗蛋白质含量27.37%，油酸含量60.04%，亚油酸含量18.84%，油亚比3.19。

【利用价值】可用作花生育种亲本或作为基因资源储备用于基础研究。

35. 昭平八月豆

【采集地】广西贺州市昭平县。

【类型及分布】龙生型花生,曾经分布于昭平县及周边地区。

【主要特征特性】在南宁种植,生育期为 160 天,株型匍匐,密枝,交替开花。荚果曲棍形,中间缢缩中等,果嘴非常明显,荚果网纹明显,种子圆柱形,种皮粉红色。主茎高 38.1cm,第一对侧枝长 64.8cm,总分枝 47.9 条,单株结果数 38 个,单株生产力 43.2g。百果重 153.5g,百仁重 68.7g,出仁率 64.0%。粗脂肪含量 53.10%,粗蛋白质含量 24.51%,油酸含量 61.14%,亚油酸含量 20.55%,油亚比 2.98。

【利用价值】可用作花生育种亲本或作为基因资源储备用于基础研究。

36. 钱李望种

【采集地】广西柳州市。

【类型及分布】龙生型花生,曾经分布于柳州市及周边地区。

【主要特征特性】在南宁种植,生育期为160天,株型匍匐,密枝,交替开花。荚果普通形,中间缢缩轻微,果嘴中等,荚果网纹中等,种子圆柱形,种皮粉红色。主茎高63.0cm,第一对侧枝长105.0cm,总分枝28.0条,单株结果数32个,单株生产力36.3g。百果重137.0g,百仁重49.0g,出仁率70.9%。粗脂肪含量52.19%,粗蛋白质含量23.96%,油酸含量64.39%,亚油酸含量19.68%,油亚比3.27。

【利用价值】可用作花生育种亲本或作为基因资源储备用于基础研究。

37. 鹿寨大花生

【采集地】广西柳州市鹿寨县。

【类型及分布】龙生型花生，曾经分布于鹿寨县及周边地区。

【主要特征特性】在南宁种植，生育期为 160 天，株型匍匐，密枝，交替开花。荚果普通形，中间缢缩轻微，果嘴中等，荚果网纹中等，种子圆柱形，种皮粉红色。主茎高 39.1cm，第一对侧枝长 57.8cm，总分枝 80.2 条，单株结果数 99 个，单株生产力 91.9g。百果重 145.0g，百仁重 63.0g，出仁率 72.0%。粗脂肪含量 51.97%，粗蛋白质含量 23.28%，油酸含量 67.74%，亚油酸含量 17.03%，油亚比 3.98。

【利用价值】可用作花生育种亲本或作为基因资源储备用于基础研究。

38. 隆安保湾花生

【采集地】广西南宁市隆安县丁当镇保湾村。

【类型及分布】龙生型花生，曾经分布于隆安县丁当镇及周边地区。

【主要特征特性】在南宁种植，生育期为 160 天，株型匍匐，密枝，交替开花。荚果曲棍形，中间缢缩轻微，果嘴非常明显，荚果网纹明显，种子圆柱形，种皮浅褐色。主茎高 42.1cm，第一对侧枝长 80.6cm，总分枝 25.2 条，单株结果数 37 个，单株生产力 48.5g。百果重 205.0g，百仁重 62.0g，出仁率 74.0%。粗脂肪含量 50.63%，粗蛋白质含量 29.42%，油酸含量 38.02%，亚油酸含量 35.94%，油亚比 1.06。

【利用价值】可用作花生育种亲本或作为基因资源储备用于基础研究。

39. 横县林婆花生

【采集地】广西南宁市横县。

【类型及分布】龙生型花生，曾经分布于横县及周边地区。

【主要特征特性】在南宁种植，生育期为160天，株型匍匐，密枝，交替开花。荚果普通形，中间缢缩轻微，果嘴中等，荚果网纹中等，种子圆柱形，种皮粉红色。主茎高50.4cm，第一对侧枝长85.7cm，总分枝79.5条，单株结果数155个，单株生产力205.3g。百果重207.0g，百仁重69.0g，出仁率69.0%。粗脂肪含量51.10%，粗蛋白质含量30.04%，油酸含量60.09%，亚油酸含量19.26%，油亚比3.12。

【利用价值】可用作花生育种亲本或作为基因资源储备用于基础研究。

40. 横县百合六屋花生

【采集地】广西南宁市横县百合镇六屋村。

【类型及分布】龙生型花生，曾经分布于横县百合镇及周边地区。

【主要特征特性】在南宁种植，生育期为160天，株型匍匐，密枝，交替开花。荚果斧头形，中间缢缩轻微，果嘴中等，荚果网纹中等，种子圆柱形，种皮粉红色。主茎高36.7cm，第一对侧枝长66.6cm，总分枝44.1条，单株结果数98个，单株生产力100.4g。百果重160.0g，百仁重65.0g，出仁率65.0%。粗脂肪含量51.53%，粗蛋白质含量27.75%，油酸含量53.97%，亚油酸含量23.16%，油亚比2.33。

【利用价值】可用作花生育种亲本或作为基因资源储备用于基础研究。

41. 飞龙乡花生

【采集地】广西南宁市横县新福镇。

【类型及分布】龙生型花生,曾经分布于横县新福镇及周边地区。

【主要特征特性】在南宁种植,生育期为160天,株型匍匐,密枝,交替开花。荚果串珠形,中间缢缩轻微,果嘴中等,荚果网纹中等,种子圆柱形,种皮浅褐色。主茎高40.3cm,第一对侧枝长64.7cm,总分枝62.8条,单株结果数90个,单株生产力110.6g。百果重192.0g,百仁重68.0g,出仁率71.4%。粗脂肪含量51.61%,粗蛋白质含量26.16%,油酸含量42.52%,亚油酸含量32.52%,油亚比1.31。

【利用价值】可用作花生育种亲本或作为基因资源储备用于基础研究。

42. 横县陶圩花生

【采集地】广西南宁市横县陶圩镇。

【类型及分布】龙生型花生，曾经分布于横县陶圩镇及周边地区。

【主要特征特性】在南宁种植，生育期为160天，株型匍匐，密枝，交替开花。荚果普通形，中间缢缩轻微，果嘴明显，荚果网纹明显，种子圆柱形，种皮浅褐色。主茎高35.7cm，第一对侧枝长65.8cm，总分枝45.7条，单株结果数68个，单株生产力78.3g。百果重180.0g，百仁重60.0g，出仁率64.0%。粗脂肪含量51.76%，粗蛋白质含量26.55%，油酸含量53.37%，亚油酸含量24.16%，油亚比2.21。

【利用价值】可用作花生育种亲本或作为基因资源储备用于基础研究。

43. 莫村花生

【采集地】广西南宁市横县峦城镇莫村。

【类型及分布】龙生型花生,曾经分布于横县峦城镇及周边地区。

【主要特征特性】在南宁种植,生育期为160天,株型匍匐,密枝,交替开花。荚果普通形,中间缢缩轻微,果嘴明显,荚果网纹中等,种子圆柱形,种皮浅褐色。主茎高37.6cm,第一对侧枝长70.4cm,总分枝25.5条,单株结果数42个,单株生产力52.4g。百果重195.0g,百仁重67.2g,出仁率67.2%。粗脂肪含量51.10%,粗蛋白质含量29.91%,油酸含量52.43%,亚油酸含量25.30%,油亚比2.07。

【利用价值】可用作花生育种亲本或作为基因资源储备用于基础研究。

44. 南宁三津豆

【采集地】广西南宁市江南区沙井街道三津村。

【类型及分布】龙生型花生，曾经分布于南宁市江南区及周边地区。

【主要特征特性】在南宁种植，生育期为160天，株型匍匐，密枝，交替开花。荚果曲棍形，中间缢缩中等，果嘴明显，荚果网纹明显，种子圆柱形，种皮浅褐色。主茎高34.8cm，第一对侧枝长76.8cm，总分枝32.7条，单株结果数53个，单株生产力58.3g。百果重172.0g，百仁重69.6g，出仁率69.6%。粗脂肪含量48.31%，粗蛋白质含量29.15%，油酸含量52.55%，亚油酸含量23.82%，油亚比2.21。

【利用价值】可用作花生育种亲本或作为基因资源储备用于基础研究。

45. 马山合群花生

【采集地】广西南宁市马山县白山镇。

【类型及分布】龙生型花生，曾经分布于马山县白山镇及周边地区。

【主要特征特性】在南宁种植，生育期为160天，株型匍匐，密枝，交替开花。荚果曲棍形，中间缢缩轻微，果嘴明显，荚果网纹中等，种子圆柱形，种皮粉红色。主茎高45.0cm，第一对侧枝长69.8cm，总分枝62.6条，单株结果数44个，单株生产力59.1g。百果重210.0g，百仁重59.4g，出仁率66.0%。粗脂肪含量49.93%，粗蛋白质含量28.34%，油酸含量47.03%，亚油酸含量28.29%，油亚比1.66。

【利用价值】可用作花生育种亲本或作为基因资源储备用于基础研究。

46. 上林塘红花生

【采集地】广西南宁市上林县塘红乡。

【类型及分布】龙生型花生，曾经分布于上林县塘红乡及周边地区。

【主要特征特性】在南宁种植，生育期为160天，株型匍匐，密枝，交替开花。荚果曲棍形，中间缢缩轻微，果嘴明显，荚果网纹中等，种子圆柱形，种皮粉红色。主茎高45.5cm，第一对侧枝长66.2cm，总分枝52.3条，单株结果数51个，单株生产力50.6g。百果重155.0g，百仁重56.0g，出仁率65.0%。粗脂肪含量52.56%，粗蛋白质含量26.30%，油酸含量41.54%，亚油酸含量33.45%，油亚比1.24。

【利用价值】可用作花生育种亲本或作为基因资源储备用于基础研究。

47. 蒲庙蔓生

【采集地】广西南宁市邕宁区蒲庙镇。

【类型及分布】龙生型花生,曾经分布于邕宁区蒲庙镇及周边地区。

【主要特征特性】在南宁种植,生育期为 160 天,株型匍匐,密枝,交替开花。荚果斧头形,中间缢缩无,果嘴轻微,荚果网纹中等,种子圆柱形,种皮粉红色。主茎高 48.5cm,第一对侧枝长 70.8cm,总分枝 20.0 条,单株结果数 73 个,单株生产力 81.7g。百果重 175.0g,百仁重 63.0g,出仁率 71.0%。粗脂肪含量 53.04%,粗蛋白质含量 29.31%,油酸含量 45.05%,亚油酸含量 29.64%,油亚比 1.52。

【利用价值】可用作花生育种亲本或作为基因资源储备用于基础研究。

48. 三粒大花生

【采集地】广西钦州市钦北区。

【类型及分布】龙生型花生，曾经分布于钦州市钦北区及周边地区。

【主要特征特性】在南宁种植，生育期为160天，株型匍匐，密枝，交替开花。荚果串珠形，中间缢缩轻微，果嘴中等到明显，荚果网纹中等，种子圆柱形，种皮粉红色。主茎高36.9cm，第一对侧枝长65.9cm，总分枝29.4条，单株结果数49个，单株生产力49.5g。百果重157.5g，百仁重66.0g，出仁率75.0%。粗脂肪含量50.59%，粗蛋白质含量23.34%，油酸含量57.27%，亚油酸含量24.33%，油亚比2.35。

【利用价值】可用作花生育种亲本或作为基因资源储备用于基础研究。

49. 梧州小花生

【采集地】广西梧州市。

【类型及分布】龙生型花生,曾经分布于梧州市及周边地区。

【主要特征特性】在南宁种植,生育期为160天,株型匍匐,密枝,交替开花。荚果普通形,中间缢缩轻微,果嘴中等,荚果网纹中等,种子圆柱形,种皮粉红色。主茎高51.0cm,第一对侧枝长77.8cm,总分枝84.9条,单株结果数193个,单株生产力148.2g。百果重120.0g,百仁重44.0g,出仁率76.0%。粗脂肪含量49.85%,粗蛋白质含量24.51%,油酸含量70.88%,亚油酸含量16.81%,油亚比4.22。

【利用价值】可用作花生育种亲本或作为基因资源储备用于基础研究。

50. 新地晚熟小花生

【采集地】广西梧州市苍梧县新地镇。

【类型及分布】龙生型花生，曾经分布于苍梧县新地镇及周边地区。

【主要特征特性】在南宁种植，生育期为 160 天，株型匍匐，密枝，交替开花。荚果曲棍形，中间缢缩中等，果嘴明显，荚果网纹中等，种子圆柱形，种皮粉红色。主茎高 37.4cm，第一对侧枝长 52.4cm，总分枝 34.8 条，单株结果数 86 个，单株生产力 57.8g。百果重 105.0g，百仁重 55.0g，出仁率 76.0%。粗脂肪含量 49.45%，粗蛋白质含量 31.18%，油酸含量 56.66%，亚油酸含量 23.63%，油亚比 2.40。

【利用价值】可用作花生育种亲本或作为基因资源储备用于基础研究。

51. 岑溪新圩花生

【采集地】广西梧州市岑溪市新圩。

【类型及分布】龙生型花生，曾经分布于岑溪市新圩及周边地区。

【主要特征特性】在南宁种植，生育期为160天，株型匍匐，密枝，交替开花。荚果曲棍形，中间缢缩轻微，果嘴中等，荚果网纹中等，种子圆柱形，种皮浅褐色。主茎高46.0cm，第一对侧枝长74.0cm，总分枝22.5条，单株结果数38个，单株生产力39.4g。百果重162.0g，百仁重61.0g，出仁率77.8%。粗脂肪含量49.90%，粗蛋白质含量28.06%，油酸含量52.64%，亚油酸含量24.35%，油亚比2.16。

【利用价值】可用作花生育种亲本或作为基因资源储备用于基础研究。

52. 坡罩豆

【采集地】广西梧州市岑溪市。

【类型及分布】龙生型花生,曾经分布于岑溪市及周边地区。

【主要特征特性】在南宁种植,生育期为160天,株型匍匐,密枝,交替开花。荚果串珠形,中间缢缩轻微,果嘴中等,荚果网纹中等,种子圆柱形,种皮粉红色。主茎高31.7cm,第一对侧枝长69.3cm,总分枝48.3条,单株结果数95个,单株生产力68.7g。百果重113.0g,百仁重54.0g,出仁率76.0%。粗脂肪含量50.39%,粗蛋白质含量25.02%,油酸含量56.34%,亚油酸含量24.98%,油亚比2.26。

【利用价值】可用作花生育种亲本或作为基因资源储备用于基础研究。

53. 藤县大花生

【采集地】广西梧州市藤县。

【类型及分布】龙生型花生，曾经分布于藤县及周边地区。

【主要特征特性】在南宁种植，生育期为160天，株型匍匐，密枝，交替开花。荚果普通形，中间缢缩中等，果嘴明显，荚果网纹中等，种子圆柱形，种皮粉红色。主茎高38.4cm，第一对侧枝长72.2cm，总分枝33.4条，单株结果数37个，单株生产力42.6g。百果重180.0g，百仁重66.0g，出仁率72.0%。粗脂肪含量50.72%，粗蛋白质含量29.18%，油酸含量59.64%，亚油酸含量19.22%，油亚比3.10。

【利用价值】可用作花生育种亲本或作为基因资源储备用于基础研究。

54. 玉林锹豆

【采集地】 广西玉林市玉州区。

【类型及分布】 龙生型花生,曾经分布于玉林市玉州区及周边地区。

【主要特征特性】 在南宁种植,生育期为160天,株型匍匐,密枝,交替开花。荚果普通形,中间缢缩轻微,果嘴中等,荚果网纹中等,种子圆柱形,种皮浅褐色。主茎高44.0cm,第一对侧枝长55.7cm,总分枝33.4条,单株结果数43个,单株生产力39.9g。百果重145.0g,百仁重59.0g,出仁率67.0%。粗脂肪含量54.44%,粗蛋白质含量27.68%,油酸含量45.03%,亚油酸含量32.30%,油亚比1.39。

【利用价值】 可用作花生育种亲本或作为基因资源储备用于基础研究。

55. 北流钦豆

【采集地】广西玉林市北流市。

【类型及分布】龙生型花生，曾经分布于北流市及周边地区。

【主要特征特性】在南宁种植，生育期为160天，株型匍匐，密枝，交替开花。荚果曲棍形，中间缢缩轻微，果嘴中等，荚果网纹中等，种子圆柱形，种皮粉红色。主茎高36.0cm，第一对侧枝长48.0cm，总分枝65.0条，单株结果数35个，单株生产力32.1g。百果重132.5g，百仁重66.0g，出仁率74.0%。粗脂肪含量52.71%，粗蛋白质含量27.66%，油酸含量51.42%，亚油酸含量26.00%，油亚比1.98。

【利用价值】可用作花生育种亲本或作为基因资源储备用于基础研究。

56. 茶杵豆

【采集地】广西玉林市北流市。

【类型及分布】龙生型花生,曾经分布于北流市及周边地区。

【主要特征特性】在南宁种植,生育期为160天,株型匍匐,密枝,交替开花。荚果普通形,中间缢缩轻微,果嘴中等,荚果网纹中等,种子圆柱形,种皮粉红色。主茎高31.1cm,第一对侧枝长55.3cm,总分枝49.2条,单株结果数56个,单株生产力75.3g。百果重210.0g,百仁重67.0g,出仁率67.0%。粗脂肪含量49.73%,粗蛋白质含量29.72%,油酸含量57.89%,亚油酸含量19.77%,油亚比2.93。

【利用价值】可用作花生育种亲本或作为基因资源储备用于基础研究。

57. 博白大花生

【采集地】广西玉林市博白县。

【类型及分布】龙生型花生，曾经分布于博白县及周边地区。

【主要特征特性】在南宁种植，生育期为160天，株型匍匐，密枝，交替开花。荚果曲棍形，中间缢缩轻微，果嘴明显，荚果网纹中等，种子圆柱形，种皮浅褐色。主茎高43.5cm，第一对侧枝长57.4cm，总分枝43.3条，单株结果数49个，单株生产力51.4g。百果重164.0g，百仁重62.0g，出仁率63.0%。粗脂肪含量51.20%，粗蛋白质含量26.85%，油酸含量53.38%，亚油酸含量25.77%，油亚比2.07。

【利用价值】可用作花生育种亲本或作为基因资源储备用于基础研究。

58. 博白勾腰豆

【采集地】广西玉林市博白县。

【类型及分布】龙生型花生，曾经分布于博白县及周边地区。

【主要特征特性】在南宁种植，生育期为160天，株型匍匐，密枝，交替开花。荚果普通形，中间缢缩极轻微，果嘴轻微到中等，荚果网纹中等，种子圆柱形，种皮浅褐色。主茎高39.1cm，第一对侧枝长58.6cm，总分枝30.0条，单株结果数39个，单株生产力48.7g。百果重195.0g，百仁重72.0g，出仁率73.0%。粗脂肪含量51.12%，粗蛋白质含量28.07%，油酸含量57.50%，亚油酸含量21.72%，油亚比2.65。

【利用价值】可用作花生育种亲本或作为基因资源储备用于基础研究。

59. 龙潭大勾腰

【采集地】广西玉林市博白县龙潭镇。

【类型及分布】龙生型花生，曾经分布于博白县龙潭镇及周边地区。

【主要特征特性】在南宁种植，生育期为160天，株型匍匐，密枝，交替开花。荚果曲棍形，中间缢缩轻微，果嘴中等，荚果网纹中等，种子圆柱形，种皮浅褐色。主茎高67.8cm，第一对侧枝长86.1cm，总分枝48.2条，单株结果数59个，单株生产力66.1g。百果重175.0g，百仁重61.0g，出仁率69.0%。粗脂肪含量50.35%，粗蛋白质含量27.56%，油酸含量53.73%，亚油酸含量23.84%，油亚比2.25。

【利用价值】可用作花生育种亲本或作为基因资源储备用于基础研究。

60. 白花豆

【采集地】广西玉林市陆川县。

【类型及分布】龙生型花生，曾经分布于陆川县及周边地区。

【主要特征特性】在南宁种植，生育期为160天，株型匍匐，密枝，交替开花。荚果普通形，中间缢缩轻微，果嘴轻微到中等，荚果网纹中等，种子圆柱形，种皮粉红色。主茎高26.8cm，第一对侧枝长56.1cm，总分枝50.6条，单株结果数69个，单株生产力56.3g。百果重127.5g，百仁重55.0g，出仁率69.0%。粗脂肪含量51.43%，粗蛋白质含量19.91%，油酸含量69.23%，亚油酸含量15.86%，油亚比4.37。

【利用价值】可用作花生育种亲本或作为基因资源储备用于基础研究。

61. 清湖大花生

【采集地】广西玉林市陆川县。

【类型及分布】龙生型花生，曾经分布于陆川县及周边地区。

【主要特征特性】在南宁种植，生育期为160天，株型匍匐，密枝，交替开花。荚果普通形，中间缢缩轻微，果嘴轻微到中等，荚果网纹中等，种子圆柱形，种皮浅褐色。主茎高27.7cm，第一对侧枝长58.9cm，总分枝26.7条，单株结果数19个，单株生产力15.3g。百果重126.0g，百仁重60.0g，出仁率65.0%。粗脂肪含量49.21%，粗蛋白质含量25.66%，油酸含量63.51%，亚油酸含量17.55%，油亚比3.62。

【利用价值】可用作花生育种亲本或作为基因资源储备用于基础研究。

62. 青苗豆

【采集地】广西玉林市陆川县。

【类型及分布】龙生型花生，曾经分布于陆川县及周边地区。

【主要特征特性】在南宁种植，生育期为 160 天，株型匍匐，密枝，交替开花。荚果曲棍形，中间缢缩轻微，果嘴中等，荚果网纹中等，种子圆柱形，种皮粉红色。主茎高 37.0cm，第一对侧枝长 101.0cm，总分枝 77.0 条，单株结果数 132 个，单株生产力 114.9g。百果重 136.0g，百仁重 67.0g，出仁率 71.0%。粗脂肪含量 52.37%，粗蛋白质含量 22.12%，油酸含量 68.92%，亚油酸含量 15.44%，油亚比 4.46。

【利用价值】可用作花生育种亲本或作为基因资源储备用于基础研究。

63. 大桥筛豆

【采集地】广西玉林市陆川县大桥镇。

【类型及分布】龙生型花生，曾经分布于陆川县大桥镇及周边地区。

【主要特征特性】在南宁种植，生育期为160天，株型匍匐，密枝，交替开花。荚果普通形，中间缢缩轻微，果嘴轻微，荚果网纹中等，种子圆柱形，种皮粉红色。主茎高27.2cm，第一对侧枝长53.7cm，总分枝67.3条，单株结果数85个，单株生产力70.4g。百果重129.5g，百仁重68.0g，出仁率73.0%。粗脂肪含量51.59%，粗蛋白质含量23.38%，油酸含量70.93%，亚油酸含量18.06%，油亚比3.93。

【利用价值】可用作花生育种亲本或作为基因资源储备用于基础研究。

64. 容县牛角豆（1）

【采集地】 广西玉林市容县。

【类型及分布】 龙生型花生，曾经分布于容县及周边地区。

【主要特征特性】 在南宁种植，生育期为160天，株型匍匐，密枝，交替开花。荚果普通形，中间缢缩轻微，果嘴明显，荚果网纹明显，种子圆柱形，种皮浅褐色。主茎高49.1cm，第一对侧枝长63.3cm，总分枝31.8条，单株结果数21个，单株生产力20.2g。百果重150.0g，百仁重70.8g，出仁率72.6%。粗脂肪含量51.31%，粗蛋白质含量27.22%，油酸含量52.26%，亚油酸含量25.48%，油亚比2.05。

【利用价值】 可用作花生育种亲本或作为基因资源储备用于基础研究。

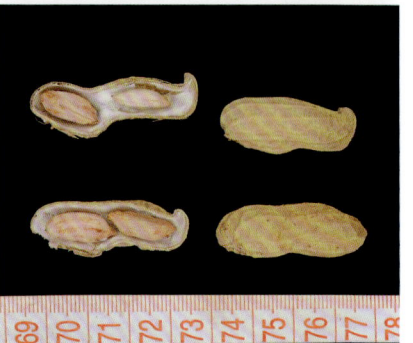

65. 容县牛角豆（2）

【采集地】广西玉林市容县。

【类型及分布】龙生型花生，曾经分布于容县及周边地区。

【主要特征特性】在南宁种植，生育期为160天，株型匍匐，密枝，交替开花。荚果普通形，中间缢缩轻微，果嘴轻微到中等，荚果网纹中等，种子圆柱形，种皮粉红色。主茎高56.5cm，第一对侧枝长80.3cm，总分枝40.3条，单株结果数95个，单株生产力91.2g。百果重150.0g，百仁重58.0g，出仁率68.0%。粗脂肪含量53.57%，粗蛋白质含量28.20%，油酸含量53.97%，亚油酸含量22.25%，油亚比2.43。

【利用价值】可用作花生育种亲本或作为基因资源储备用于基础研究。

第三节 普通型花生

1. 崇左牛角豆

【采集地】广西崇左市江州区。

【类型及分布】普通型花生，原分布于崇左市江州区及周边地区。

【主要特征特性】在南宁种植，生育期为160天，株型匍匐，密枝，交替开花。荚果普通形，中间缢缩轻微，果嘴轻微，荚果网纹中等，种子圆柱形，种皮粉红色。主茎高50.0cm，第一对侧枝长108.0cm，总分枝22.0条，单株结果数22个，单株生产力16.0g。百果重142.8g，百仁重58.4g，出仁率71.6%。粗脂肪含量50.84%，粗蛋白质含量24.54%，油酸含量60.53%，亚油酸含量18.63%，油亚比3.25。

【利用价值】可用作花生育种亲本或作为基因资源储备用于基础研究。

2. 龙津大花生

【采集地】广西崇左市龙州县。

【类型及分布】普通型花生,原分布于龙州县及周边地区。

【主要特征特性】在南宁种植,生育期为 160 天,株型匍匐,密枝,交替开花。荚果普通形,中间缢缩轻微,果嘴中等,荚果网纹中等,种子圆柱形,种皮粉红色。主茎高 57.0cm,第一对侧枝长 83.0cm,总分枝 27.0 条,单株结果数 18 个,单株生产力 12.8g。百果重 134.9g,百仁重 59.8g,出仁率 75.0%。粗脂肪含量 51.52%,粗蛋白质含量 21.10%,油酸含量 58.97%,亚油酸含量 19.34%,油亚比 3.05。

【利用价值】可用作花生育种亲本或作为基因资源储备用于基础研究。

3. 天等大隆花生（普通型）

【采集地】广西崇左市天等县天等镇大隆村。

【类型及分布】普通型花生，原分布于天等县天等镇及周边地区。

【主要特征特性】在南宁种植，生育期为160天，株型匍匐，密枝，交替开花。荚果普通形，中间缢缩轻微，果嘴中等，荚果网纹中等，种子圆柱形，种皮粉红色。主茎高55.0cm，第一对侧枝长98.0cm，总分枝21.0条，单株结果数10个，单株生产力7.7g。百果重130.1g，百仁重62.7g，出仁率74.5%。粗脂肪含量50.32%，粗蛋白质含量23.64%，油酸含量63.39%，亚油酸含量16.42%，油亚比3.86。

【利用价值】可用作花生育种亲本或作为基因资源储备用于基础研究。

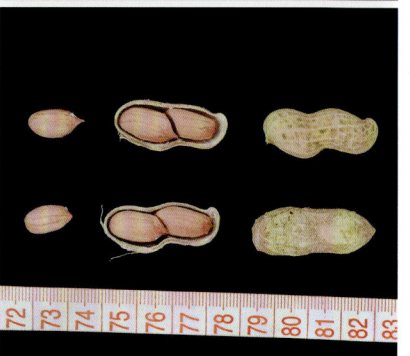

4. 左州大花生

【采集地】广西崇左市江州区左州镇。

【类型及分布】普通型花生，原分布于崇左市江州区左州镇及周边地区。

【主要特征特性】在南宁种植，生育期为160天，株型匍匐，密枝，交替开花。荚果普通形，中间缢缩轻微，果嘴中等，荚果网纹中等，种子圆柱形，种皮粉红色。主茎高61.0cm，第一对侧枝长101.0cm，总分枝40.0条，单株结果数50个，单株生产力33.8g。百果重120.1g，百仁重53.7g，出仁率76.3%。粗脂肪含量52.73%，粗蛋白质含量20.92%，油酸含量63.39%，亚油酸含量18.23%，油亚比3.48。

【利用价值】可用作花生育种亲本或作为基因资源储备用于基础研究。

5. 贵县滑身豆

【采集地】广西贵港市港北区。

【类型及分布】普通型花生，原分布于贵港市港北区及周边地区。

【主要特征特性】在南宁种植，生育期为160天，株型匍匐，密枝，交替开花。荚果普通形，中间缢缩轻微，果嘴中等，荚果网纹中等，种子圆柱形，种皮粉红色。主茎高50.0cm，第一对侧枝长90.0cm，总分枝22.0条，单株结果数13个，单株生产力11.5g。百果重145.3g，百仁重62.4g，出仁率76.4%。粗脂肪含量51.19%，粗蛋白质含量22.76%，油酸含量59.02%，亚油酸含量20.13%，油亚比2.93。

【利用价值】可用作花生育种亲本或作为基因资源储备用于基础研究。

6. 桂平大花生

【采集地】广西贵港市桂平市。

【类型及分布】普通型花生，原分布于桂平市及周边地区。

【主要特征特性】在南宁种植，生育期为160天，株型匍匐，密枝，交替开花。荚果普通形，中间缢缩轻微，果嘴中等，荚果网纹中等，种子圆柱形，种皮粉红色。主茎高69.0cm，第一对侧枝长96.0cm，总分枝17.0条，单株结果数15个，单株生产力9.0g。百果重132.4g，百仁重54.2g，出仁率76.8%。粗脂肪含量50.06%，粗蛋白质含量24.44%，油酸含量63.10%，亚油酸含量17.06%，油亚比3.70。

【利用价值】可用作花生育种亲本或作为基因资源储备用于基础研究。

7. 平南直腰豆（普通型）

【采集地】广西贵港市平南县。

【类型及分布】普通型花生，原分布于平南县及周边地区。

【主要特征特性】在南宁种植，生育期为160天，株型匍匐，密枝，交替开花。荚果普通形，中间缢缩轻微，果嘴轻微到中等，荚果网纹中等，种子圆柱形，种皮粉红色。主茎高95.0cm，第一对侧枝长90.0cm，总分枝32.0条，单株结果数25个，单株生产力16.4g。百果重147.6g，百仁重61.0g，出仁率74.0%。粗脂肪含量49.33%，粗蛋白质含量23.20%，油酸含量56.94%，亚油酸含量21.02%，油亚比2.71。

【利用价值】可用作花生育种亲本或作为基因资源储备用于基础研究。

8. 铺地毯

【采集地】广西贵港市平南县。

【类型及分布】普通型花生,原分布于平南县及周边地区。

【主要特征特性】在南宁种植,生育期为 160 天,株型匍匐,密枝,交替开花。荚果普通形,中间缢缩轻微,果嘴中等,荚果网纹中等,种子圆柱形,种皮粉红色。主茎高 68.0cm,第一对侧枝长 134.0cm,总分枝 32.0 条,单株结果数 17 个,单株生产力 12.5g。百果重 146.1g,百仁重 62.4g,出仁率 77.8%。粗脂肪含量 50.54%,粗蛋白质含量 23.51%,油酸含量 61.24%,亚油酸含量 17.65%,油亚比 3.47。

【利用价值】可用作花生育种亲本或作为基因资源储备用于基础研究。

9. 平南大豆

【采集地】 广西贵港市平南县。

【类型及分布】 普通型花生，原分布于平南县及周边地区。

【主要特征特性】 在南宁种植，生育期为160天，株型匍匐，密枝，交替开花。荚果普通形，中间缢缩中等，果嘴中等，荚果网纹中等，种子圆柱形，种皮粉红色。主茎高90.0cm，第一对侧枝长116.0cm，总分枝22.0条，单株结果数24个，单株生产力17.1g。百果重139.7g，百仁重58.9g，出仁率76.4%。粗脂肪含量50.36%，粗蛋白质含量25.09%，油酸含量62.48%，亚油酸含量19.94%，油亚比3.13。

【利用价值】 可用作花生育种亲本或作为基因资源储备用于基础研究。

10. 丹竹大笃豆

【采集地】广西贵港市平南县丹竹镇。

【类型及分布】普通型花生，原分布于平南县丹竹镇及周边地区。

【主要特征特性】在南宁种植，生育期为160天，株型匍匐，密枝，交替开花。荚果普通形，中间缢缩轻微，果嘴中等，荚果网纹中等，种子圆柱形，种皮粉红色。主茎高45.0cm，第一对侧枝长87.0cm，总分枝74.0条，单株结果数63个，单株生产力64.4g。百果重187.3g，百仁重71.8g，出仁率69.2%。粗脂肪含量47.14%，粗蛋白质含量24.75%，油酸含量56.99%，亚油酸含量20.33%，油亚比2.80。

【利用价值】可用作花生育种亲本或作为基因资源储备用于基础研究。

11. 全州方壳子

【采集地】广西桂林市全州县全州镇。

【类型及分布】普通型花生,原分布于全州县全州镇及周边地区。

【主要特征特性】在南宁种植,生育期为160天,株型匍匐,密枝,交替开花。荚果普通形,中间缢缩轻微,果嘴中等,荚果网纹中等,种子圆柱形,种皮粉红色。主茎高72.0cm,第一对侧枝长110.0cm,总分枝16.0条,单株结果数15个,单株生产力7.6g。百果重135.9g,百仁重62.3g,出仁率77.5%。粗脂肪含量52.36%,粗蛋白质含量21.22%,油酸含量57.76%,亚油酸含量20.74%,油亚比2.78。

【利用价值】可用作花生育种亲本或作为基因资源储备用于基础研究。

12. 东兰隘纲豆

【采集地】广西河池市东兰县。

【类型及分布】普通型花生，原分布于东兰县及周边地区。

【主要特征特性】在南宁种植，生育期为160天，株型匍匐，密枝，交替开花。荚果普通形，中间缢缩轻微，果嘴中等，荚果网纹中等，种子圆柱形，种皮粉红色。主茎高44.0cm，第一对侧枝长72.0cm，总分枝38.0条，单株结果数7个，单株生产力4.0g。百果重158.0g，百仁重66.7g，出仁率74.3%。粗脂肪含量54.19%，粗蛋白质含量17.32%，油酸含量59.29%，亚油酸含量20.64%，油亚比2.87。

【利用价值】可用作花生育种亲本或作为基因资源储备用于基础研究。

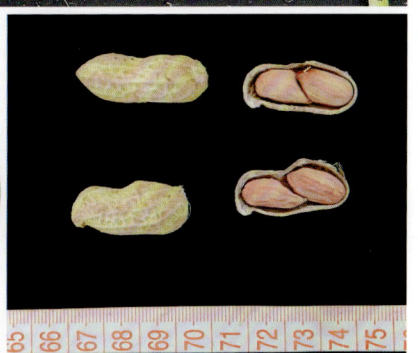

13. 贺县大花生

【采集地】广西贺州市八步区。

【类型及分布】普通型花生，原分布于贺州市八步区及周边地区。

【主要特征特性】在南宁种植，生育期为160天，株型匍匐，密枝，交替开花。荚果普通形，中间缢缩中等，果嘴中等，荚果网纹明显，种子圆柱形，种皮粉红色。主茎高45.0cm，第一对侧枝长90.0cm，总分枝42.0条，单株结果数51个，单株生产力62.5g。百果重185.7g，百仁重65.3g，出仁率72.1%。粗脂肪含量46.15%，粗蛋白质含量24.14%，油酸含量58.44%，亚油酸含量20.15%，油亚比2.90。

【利用价值】可用作花生育种亲本或作为基因资源储备用于基础研究。

14. 贺县青豆

【采集地】广西贺州市八步区。

【类型及分布】普通型花生,原分布于贺州市八步区及周边地区。

【主要特征特性】在南宁种植,生育期为160天,株型匍匐,密枝,交替开花。荚果普通形,中间缢缩轻微,果嘴中等,荚果网纹中等,种子圆柱形,种皮粉红色。主茎高53.0cm,第一对侧枝长105.0cm,总分枝38.0条,单株结果数62个,单株生产力67.1g。百果重162.2g,百仁重70.1g,出仁率74.9%。粗脂肪含量49.98%,粗蛋白质含量24.14%,油酸含量58.45%,亚油酸含量19.59%,油亚比2.98。

【利用价值】可用作花生育种亲本或作为基因资源储备用于基础研究。

15. 贺县猪屎豆

【采集地】广西贺州市八步区信都镇。

【类型及分布】普通型花生，原分布于贺州市八步区信都镇及周边地区。

【主要特征特性】在南宁种植，生育期为160天，株型匍匐，密枝，交替开花。荚果普通形，中间缢缩轻微，果嘴中等，荚果网纹明显，种子圆柱形，种皮粉红色。主茎高91.0cm，第一对侧枝长85.0cm，总分枝19.0条，单株结果数32个，单株生产力37.4g。百果重123.6g，百仁重53.5g，出仁率74.7%。粗脂肪含量50.43%，粗蛋白质含量22.34%，油酸含量62.23%，亚油酸含量17.21%，油亚比3.62。

【利用价值】可用作花生育种亲本或作为基因资源储备用于基础研究。

16. 莫村大花生

【采集地】广西南宁市横县峦城镇莫村。

【类型及分布】普通型花生，原分布于横县峦城镇及周边地区。

【主要特征特性】在南宁种植，生育期为160天，株型匍匐，密枝，交替开花。荚果普通形，中间缢缩轻微，果嘴轻微，荚果网纹中等，种子圆柱形，种皮粉红色。主茎高48.0cm，第一对侧枝长85.0cm，总分枝36.0条，单株结果数30个，单株生产力29.6g。百果重130.2g，百仁重53.8g，出仁率70.7%。粗脂肪含量49.50%，粗蛋白质含量24.63%，油酸含量59.28%，亚油酸含量20.06%，油亚比2.96。

【利用价值】可用作花生育种亲本或作为基因资源储备用于基础研究。

17. 曹村细腰花生

【采集地】广西南宁市横县横州镇曹村。

【类型及分布】普通型花生，原分布于横县横州镇及周边地区。

【主要特征特性】在南宁种植，生育期为160天，株型匍匐，密枝，交替开花。荚果普通形，中间缢缩轻微，果嘴轻微到中等，荚果网纹中等，种子圆柱形，种皮粉红色。主茎高56.0cm，第一对侧枝长113.0cm，总分枝32.0条，单株结果数27个，单株生产力13.6g。百果重118.8g，百仁重48.2g，出仁率74.8%。粗脂肪含量51.50%，粗蛋白质含量23.04%，油酸含量58.46%，亚油酸含量22.03%，油亚比2.65。

【利用价值】可用作花生育种亲本或作为基因资源储备用于基础研究。

18. 横县平朗细花生

【采集地】广西南宁市横县平朗镇下颜村。

【类型及分布】普通型花生，原分布于横县平朗镇及周边地区。

【主要特征特性】在南宁种植，生育期为160天，株型匍匐，密枝，交替开花。荚果普通形，中间缢缩轻微，果嘴中等，荚果网纹中等，种子圆柱形，种皮粉红色。主茎高70.0cm，第一对侧枝长118.0cm，总分枝35.0条，单株结果数43个，单株生产力24.0g。百果重134.7g，百仁重58.7g，出仁率76.6%。粗脂肪含量49.85%，粗蛋白质含量23.74%，油酸含量59.47%，亚油酸含量19.90%，油亚比2.99。

【利用价值】可用作花生育种亲本或作为基因资源储备用于基础研究。

19. 以山花生

【采集地】广西钦州市钦北区。

【类型及分布】普通型花生，原分布于钦州市钦北区及周边地区。

【主要特征特性】在南宁种植，生育期为160天，株型匍匐，密枝，交替开花。荚果普通形，中间缢缩轻微，果嘴明显，荚果网纹明显，种子圆柱形，种皮粉红色。主茎高52.0cm，第一对侧枝长65.0cm，总分枝32.0条，单株结果数22个，单株生产力19.8g。百果重156.2g，百仁重60.7g，出仁率67.7%。粗脂肪含量52.85%，粗蛋白质含量18.67%，油酸含量58.06%，亚油酸含量20.73%，油亚比2.80。

【利用价值】可用作花生育种亲本或作为基因资源储备用于基础研究。

20. 藤县大马豆

【采集地】广西梧州市藤县。

【类型及分布】普通型花生，原分布于藤县及周边地区。

【主要特征特性】在南宁种植，生育期为 160 天，株型匍匐，密枝，交替开花。荚果普通形，中间缢缩轻微，果嘴中等，荚果网纹中等，种子圆柱形，种皮粉红色。主茎高 90.0cm，第一对侧枝长 97.0cm，总分枝 29.0 条，单株结果数 14 个，单株生产力 9.9g。百果重 142.0g，百仁重 62.9g，出仁率 77.2%。粗脂肪含量 50.72%，粗蛋白质含量 23.24%，油酸含量 62.04%，亚油酸含量 16.79%，油亚比 3.70。

【利用价值】可用作花生育种亲本或作为基因资源储备用于基础研究。

21. 藤县豆几

【采集地】广西梧州市藤县。

【类型及分布】普通型花生，原分布于藤县及周边地区。

【主要特征特性】在南宁种植，生育期为160天，株型匍匐，密枝，交替开花。荚果普通形，中间缢缩轻微，果嘴中等，荚果网纹中等，种子圆柱形，种皮粉红色。主茎高95.0cm，第一对侧枝长107.0cm，总分枝45.0条，单株结果数17个，单株生产力8.8g。百果重152.0g，百仁重67.3g，出仁率74.2%。粗脂肪含量51.66%，粗蛋白质含量22.86%，油酸含量58.17%，亚油酸含量21.41%，油亚比2.72。

【利用价值】可用作花生育种亲本或作为基因资源储备用于基础研究。

22. 藤县狗虱豆

【采集地】广西梧州市藤县。

【类型及分布】普通型花生,原分布于藤县及周边地区。

【主要特征特性】在南宁种植,生育期为 160 天,株型匍匐,密枝,交替开花。荚果茧形,中间缢缩无,果嘴中等,荚果网纹中等,种子圆柱形,种皮粉红色。主茎高 82.0cm,第一对侧枝长 94.0cm,总分枝 29.0 条,单株结果数 34 个,单株生产力 27.1g。百果重 141.5g,百仁重 60.3g,出仁率 75.5%。粗脂肪含量 50.59%,粗蛋白质含量 21.37%,油酸含量 57.04%,亚油酸含量 22.07%,油亚比 2.58。

【利用价值】可用作花生育种亲本或作为基因资源储备用于基础研究。

23. 玉林小洋花生

【采集地】广西玉林市玉州区。

【类型及分布】普通型花生，原分布于玉林市玉州区及周边地区。

【主要特征特性】在南宁种植，生育期为 160 天，株型匍匐，密枝，交替开花。荚果普通形，中间缢缩轻微，果嘴中等，荚果网纹明显，种子圆柱形，种皮粉红色。主茎高 76.0cm，第一对侧枝长 86.0cm，总分枝 47.0 条，单株结果数 62 个，单株生产力 62.7g。百果重 186.2g，百仁重 86.9g，出仁率 73.4%。粗脂肪含量 54.32%，粗蛋白质含量 20.74%，油酸含量 57.69%，亚油酸含量 19.38%，油亚比 2.98。

【利用价值】可用作花生育种亲本或作为基因资源储备用于基础研究。

24. 玉林牛角豆

【采集地】广西玉林市玉州区。

【类型及分布】普通型花生，原分布于玉林市玉州区及周边地区。

【主要特征特性】在南宁种植，生育期为160天，株型匍匐，密枝，交替开花。荚果普通形，中间缢缩轻微，果嘴中等，荚果网纹明显，种子圆柱形，种皮粉红色。主茎高93.0cm，第一对侧枝长95.0cm，总分枝41.0条，单株结果数34个，单株生产力28.4g。百果重152.0g，百仁重65.4g，出仁率75.6%。粗脂肪含量52.00%，粗蛋白质含量21.85%，油酸含量59.89%，亚油酸含量18.77%，油亚比3.19。

【利用价值】可用作花生育种亲本或作为基因资源储备用于基础研究。

25. 博白大花生（普通型）

【采集地】广西玉林市博白县。

【类型及分布】普通型花生，原分布于博白县及周边地区。

【主要特征特性】在南宁种植，生育期为 160 天，株型匍匐，密枝，交替开花。荚果普通形，中间缢缩轻微，果嘴中等，荚果网纹中等，种子圆柱形，种皮粉红色。主茎高 74.0cm，第一对侧枝长 123.0cm，总分枝 39.0 条，单株结果数 27 个，单株生产力 25.3g。百果重 148.3g，百仁重 65.6g，出仁率 76.1%。粗脂肪含量 51.84%，粗蛋白质含量 24.41%，油酸含量 60.35%，亚油酸含量 18.74%，油亚比 3.22。

【利用价值】可用作花生育种亲本或作为基因资源储备用于基础研究。

第四节 多粒型花生

1. 练江花生

【采集地】广西崇左市凭祥市上石镇练江村。

【类型及分布】多粒型花生，分布于凭祥市上石镇及周边地区。

【主要特征特性】在南宁种植，生育期为125天，株型直立，疏枝，连续开花。荚果串珠形，中间缢缩轻微，果嘴中等，荚果网纹明显，种子圆柱形，种皮深红色。主茎高47.6cm，第一对侧枝长59.6cm，总分枝7.0条，单株结果数16个，单株生产力18.3g。百果重179.9g，百仁重63.5g，出仁率71.9%。粗脂肪含量50.30%，粗蛋白质含量29.61%，油酸含量54.79%，亚油酸含量30.05%，油亚比1.82。

【利用价值】可直接用于鲜食红衣花生生产，也可用作多粒、红皮花生育种亲本。

2. 白屋红花生

【采集地】广西防城港市防城区扶隆镇那果村。

【类型及分布】多粒型花生,分布于防城区扶隆镇及周边地区。

【主要特征特性】在南宁种植,生育期为 123 天,株型直立,疏枝,连续开花。荚果串珠形,中间缢缩轻微,果嘴轻微,荚果网纹中等,种子圆柱形,种皮深红色。主茎高 56.8cm,第一对侧枝长 63.7cm,总分枝 7.0 条,单株结果数 16 个,单株生产力 28.2g。百果重 182.5g,百仁重 62.0g,出仁率 67.6%。粗脂肪含量 49.04%,粗蛋白质含量 28.99%,油酸含量 43.09%,亚油酸含量 38.24%,油亚比 1.13。

【利用价值】可直接用于鲜食红衣花生生产,也可用作多粒、红皮花生育种亲本。

3. 南江花生

【采集地】广西防城港市防城区扶隆镇南江村。

【类型及分布】多粒型花生，分布于防城港市防城区扶隆镇及周边地区。

【主要特征特性】在南宁种植，生育期为126天，株型直立，疏枝，连续开花。荚果串珠形，中间缢缩轻微，果嘴中等，荚果网纹中等，种子圆柱形，种皮粉红色。主茎高61.0cm，第一对侧枝长72.1cm，总分枝8.0条，单株结果数17个，单株生产力25.2g。百果重241.0g，百仁重73.7g，出仁率71.3%。粗脂肪含量46.38%，粗蛋白质含量31.04%，油酸含量44.35%，亚油酸含量37.19%，油亚比1.19。

【利用价值】可直接用于鲜食花生生产，也可用作多粒花生育种亲本。

4. 三联花生

【采集地】广西桂林市恭城瑶族自治县三江乡三联村。

【类型及分布】多粒型花生，分布于恭城瑶族自治县三江乡及周边地区。

【主要特征特性】在南宁种植，生育期为 122 天，株型直立，疏枝，连续开花。荚果串珠形，中间缢缩轻微，果嘴轻微，荚果网纹明显，种子圆柱形，种皮深红色。主茎高 63.7cm，第一对侧枝长 74.6cm，总分枝 7.0 条，单株结果数 16 个，单株生产力 20.6g。百果重 189.8g，百仁重 57.4g，出仁率 68.5%。粗脂肪含量 52.00%，粗蛋白质含量 30.53%，油酸含量 48.69%，亚油酸含量 35.18%，油亚比 1.38。

【利用价值】可直接用于鲜食红衣花生生产，也可用作多粒、红皮花生育种亲本。

5. 江洲花生

【采集地】广西桂林市灵川县潭下镇江洲村。

【类型及分布】多粒型花生，分布于灵川县潭下镇及周边地区。

【主要特征特性】在南宁种植，生育期为120天，株型直立，疏枝，连续开花。荚果串珠形，中间缢缩轻微，果嘴轻微，荚果网纹中等，种子圆柱形，种皮深红色。主茎高85.2cm，第一对侧枝长90.6cm，主茎、侧枝长而软，后期易倒伏；总分枝6.0条，单株结果数15个，单株生产力18.6g。百果重170.3g，百仁重56.5g，出仁率71.6%。粗脂肪含量48.45%，粗蛋白质含量31.78%，油酸含量49.40%，亚油酸含量35.07%，油亚比1.41。

【利用价值】可直接用于鲜食红衣花生生产，也可用作多粒、红皮花生育种亲本。

6. 湾山红花生

【采集地】广西桂林市全州县庙头镇。

【类型及分布】多粒型花生，分布于全州县庙头镇及周边地区。

【主要特征特性】在南宁种植，生育期为124天，株型直立，疏枝，连续开花。荚果普通形，中间缢缩轻微，果嘴中等，荚果网纹中等，种子圆柱形，种皮深红色。主茎高68.9cm，第一对侧枝长67.5cm，总分枝8.0条，单株结果数18个，单株生产力24.6g。百果重120.4g，百仁重68.0g，出仁率70.3%。粗脂肪含量44.09%，粗蛋白质含量33.64%，油酸含量38.12%，亚油酸含量42.46%，油亚比0.90。

【利用价值】可直接用于鲜食红衣花生生产，也可用作多粒、红皮花生育种亲本。

7. 六村花生

【采集地】广西桂林市兴安县漠川乡庄子村。

【类型及分布】多粒型花生，分布于兴安县漠川乡及周边地区。

【主要特征特性】在南宁种植，生育期为123天，株型直立，疏枝，连续开花。荚果串珠形，中间缢缩轻微，果嘴明显，荚果网纹中等，种子圆柱形，种皮粉红色。主茎高81.0cm，第一对侧枝长84.1cm，总分枝7.0条，单株结果数13个，单株生产力16.9g。百果重184.2g，百仁重61.0g，出仁率70.3%。粗脂肪含量47.87%，粗蛋白质含量29.45%，油酸含量40.23%，亚油酸含量41.44%，油亚比0.97。

【利用价值】可直接用于花生生产，也可用作多粒花生育种亲本。

8. 金江花生

【采集地】广西桂林市资源县瓜里乡金江村。

【类型及分布】多粒型花生，分布于资源县瓜里乡及周边地区。

【主要特征特性】在南宁种植，生育期为 122 天，株型直立，疏枝，连续开花。荚果串珠形，中间缢缩轻微，果嘴中等，荚果网纹中等，种子圆柱形，种皮深红色。主茎高 67.5cm，第一对侧枝长 73.4cm，总分枝 8.0 条，单株结果数 16 个，单株生产力 20.5g。百果重 169.7g，百仁重 54.6g，出仁率 70.8%。粗脂肪含量 49.85%，粗蛋白质含量 29.05%，油酸含量 46.64%，亚油酸含量 34.78%，油亚比 1.34。

【利用价值】可直接用于鲜食红衣花生生产，也可用作多粒、红皮花生育种亲本。

9. 西山花生

【采集地】广西河池市巴马瑶族自治县西山乡福厚村。

【类型及分布】多粒型花生,分布于巴马瑶族自治县西山乡及周边地区。

【主要特征特性】在南宁种植,生育期为124天,株型直立,疏枝,连续开花。荚果串珠形,中间缢缩轻微,果嘴明显,荚果网纹明显,种子圆柱形,种皮粉红色。主茎高85.2cm,第一对侧枝长90.6cm,总分枝10.0条,单株结果数12个,单株生产力15.8g。百果重184.4g,百仁重66.0g,出仁率68.7%。粗脂肪含量51.43%,粗蛋白质含量23.49%,油酸含量45.73%,亚油酸含量35.53%,油亚比1.29。

【利用价值】可直接用于花生生产,也可用作多粒花生育种亲本。

10. 巴英花生

【采集地】广西河池市东兰县巴畴乡巴英村。

【类型及分布】多粒型花生，分布于东兰县巴畴乡及周边地区。

【主要特征特性】在南宁种植，生育期为 119 天，株型直立、疏枝、连续开花。荚果串珠形，中间缢缩轻微，果嘴中等，荚果网纹轻微，种子圆柱形，种皮深红色。主茎高 55.3cm，第一对侧枝长 78.9cm，主茎、侧枝长而软，后期易倒伏；总分枝 7.0 条，单株结果数 10 个，单株生产力 14.2g。百果重 177.0g，百仁重 64.3g，出仁率 69.7%。粗脂肪含量 52.38%，粗蛋白质含量 29.29%，油酸含量 53.93%，亚油酸含量 31.04%，油亚比 1.74。

【利用价值】可直接用于花生生产，也可用作多粒、红皮花生育种亲本。

11. 木里花生

【采集地】广西河池市金城江区拔贡镇下桥村木里屯。

【类型及分布】多粒型花生,分布于金城江区拔贡镇及周边地区。

【主要特征特性】在南宁种植,生育期为126天,株型直立,疏枝,连续开花。荚果串珠形,中间缢缩轻微,果嘴轻微,荚果网纹中等,种子圆柱形,种皮深红色。主茎高75.5cm,第一对侧枝长74.3cm,总分枝7.0条,单株结果数16个,单株生产力18.6g。百果重145.2g,百仁重43.8g,出仁率69.6%。粗脂肪含量50.97%,粗蛋白质含量29.52%,油酸含量49.73%,亚油酸含量34.88%,油亚比1.43。

【利用价值】可直接用于花生生产,也可用作多粒、红皮花生育种亲本。

12. 路溪花生

【采集地】广西贺州市富川瑶族自治县新华乡路溪村。

【类型及分布】多粒型花生，分布于富川瑶族自治县新华乡及周边地区。

【主要特征特性】在南宁种植，生育期为124天，株型直立，疏枝，连续开花。荚果串珠形，中间缢缩中等，果嘴中等，荚果网纹中等，种子圆柱形，种皮深红色。主茎高58.6cm，第一对侧枝长65.5cm，总分枝7.0条，单株结果数17个，单株生产力22.6g。百果重159.9g，百仁重55.5g，出仁率70.9%。粗脂肪含量50.95%，粗蛋白质含量30.67%，油酸含量49.39%，亚油酸含量34.67%，油亚比1.42。

【利用价值】可直接用于花生生产，也可用作多粒、红皮花生育种亲本。

13. 黄姚花生

【采集地】广西贺州市昭平县黄姚镇。

【类型及分布】多粒型花生，分布于昭平县黄姚镇及周边地区。

【主要特征特性】在南宁种植，生育期为121天，株型直立，疏枝，连续开花。荚果串珠形，中间缢缩轻微，果嘴中等，荚果网纹中等，种子圆柱形，种皮深红色。主茎高57.0cm，第一对侧枝长58.5cm，总分枝7.0条，单株结果数14个，单株生产力18.5g。百果重162.2g，百仁重55.3g，出仁率70.3%。粗脂肪含量51.29%，粗蛋白质含量27.83%，油酸含量38.52%，亚油酸含量43.63%，油亚比0.88。

【利用价值】可直接用于鲜食红皮花生生产，也可用作多粒、红皮花生育种亲本。

14. 北岱花生

【采集地】广西桂林市灵川县海洋乡。

【类型及分布】多粒型花生，分布于灵川县海洋乡及周边地区。

【主要特征特性】在南宁种植，生育期为122天，株型直立、疏枝、连续开花。荚果串珠形，中间缢缩轻微，果嘴轻微，荚果网纹明显，种子圆柱形，种皮粉红色。主茎高60.2cm，第一对侧枝长65.8cm，总分枝8.0条，单株结果数16个，单株生产力21.2g。百果重195.8g，百仁重61.2g，出仁率66.1%。粗脂肪含量51.72%，粗蛋白质含量28.36%，油酸含量49.51%，亚油酸含量33.45%，油亚比1.48。

【利用价值】可直接用于花生生产，也可用作多粒花生育种亲本。

15. 上油花生

【采集地】广西柳州市柳城县太平镇上油村上油屯。

【类型及分布】多粒型花生，分布于柳城县太平镇及周边地区。

【主要特征特性】在南宁种植，生育期为125天，株型直立，疏枝，连续开花。荚果串珠形，中间缢缩轻微，果嘴中等，荚果网纹明显，种子圆柱形，种皮深红色。主茎高65.2cm，第一对侧枝长74.3cm，主茎、侧枝较长后期易倒伏；总分枝6.0条，单株结果数13个，单株生产力19.9g。百果重195.9g，百仁重62.3g，出仁率71.7%。粗脂肪含量50.27%，粗蛋白质含量32.97%，油酸含量48.21%，亚油酸含量36.14%，油亚比1.33。

【利用价值】可直接用于鲜食红皮花生生产，也可用作多粒、红皮花生育种亲本。

16. 培洞花生

【采集地】广西柳州市融水县良寨乡培洞村。

【类型及分布】多粒型花生，分布于融水县良寨乡及周边地区。

【主要特征特性】在南宁种植，生育期为121天，株型直立，疏枝，连续开花。荚果串珠形，中间缢缩轻微，果嘴中等，荚果网纹明显，种子圆柱形，种皮深红色。主茎高57.9cm，第一对侧枝长68.3cm，总分枝6.0条，单株结果数14个，单株生产力19.6g。百果重195.0g，百仁重61.6g，出仁率70.0%。粗脂肪含量51.71%，粗蛋白质含量30.28%，油酸含量48.54%，亚油酸含量34.78%，油亚比1.40。

【利用价值】可直接用于鲜食红皮花生生产，也可用作多粒、红皮花生育种亲本。

17. 纯德花生

【采集地】广西柳州市三江侗族自治县富禄苗族乡纯德村。

【类型及分布】多粒型花生,分布于三江侗族自治县富禄苗族乡及周边地区。

【主要特征特性】在南宁种植,生育期为125天,株型直立,疏枝,连续开花。荚果串珠形,中间缢缩中等,果嘴中等,荚果网纹明显,种子圆柱形,种皮浅褐色。主茎高61.0cm,第一对侧枝长69.2cm,总分枝7.0条,单株结果数12个,单株生产力15.2g。百果重186.3g,百仁重60.3g,出仁率72.0%。粗脂肪含量50.66%,粗蛋白质含量29.21%,油酸含量48.22%,亚油酸含量35.23%,油亚比1.37。

【利用价值】可直接用于花生生产,也可用作多粒花生育种亲本。

18. 下那婆多粒红

【采集地】广西钦州市钦南区那彭镇那勉村下那婆峒。

【类型及分布】多粒型花生，分布于钦州市钦南区那彭镇及周边地区。

【主要特征特性】在南宁种植，生育期为120天，株型直立，疏枝，连续开花。荚果串珠形，中间缢缩轻微，果嘴中等，荚果网纹明显，种子圆柱形，种皮深红色。主茎高65.5cm，第一对侧枝长82.1cm，总分枝9.0条，单株结果数15个，单株生产力24.0g。百果重198.5g，百仁重64.3g，出仁率68.6%。粗脂肪含量46.72%，粗蛋白质含量30.27%，油酸含量43.08%，亚油酸含量38.71%，油亚比1.11。

【利用价值】可直接用于鲜食红皮花生生产，也可用作多粒、红皮花生育种亲本。

19. 探花花生

【采集地】广西梧州市岑溪市岑城镇探花村。

【类型及分布】多粒型花生,分布于岑溪市岑城镇及周边地区。

【主要特征特性】在南宁种植,生育期为123天,株型直立,疏枝,连续开花。荚果串珠形,中间缢缩中等,果嘴中等,荚果网纹明显,种子圆柱形,种皮深红色。主茎高42.4cm,第一对侧枝长59.9cm,总分枝6.0条,单株结果数13个,单株生产力20.4g。百果重188.8g,百仁重60.3g,出仁率69.6%。粗脂肪含量51.62%,粗蛋白质含量31.18%,油酸含量47.15%,亚油酸含量35.89%,油亚比1.31。

【利用价值】可直接用于鲜食红皮花生生产,也可用作多粒、红皮花生育种亲本。

20. 高庆红花生

【采集地】 广西玉林市陆川县沙坡镇高庆村。

【类型及分布】 多粒型花生，分布于陆川县沙坡镇及周边地区。

【主要特征特性】 在南宁种植，生育期为123天，株型直立，疏枝，连续开花。荚果串珠形，中间缢缩轻微，果嘴明显，荚果网纹明显，种子圆柱形，种皮深红色。主茎高57.7cm，第一对侧枝长65.0cm，总分枝7.0条，单株结果数15个，单株生产力21.9g。百果重165.7g，百仁重51.8g，出仁率67.1%。粗脂肪含量51.93%，粗蛋白质含量30.82%，油酸含量53.31%，亚油酸含量30.47%，油亚比1.75。

【利用价值】 可直接用于鲜食红皮花生生产，也可用作多粒、红皮花生育种亲本。

参 考 文 献

蔡骥业. 1993. 花生属种质的采集与分类、保存和更新、评估及利用. 花生学报, (2): 17-19, 21.
蔡骥业, 王倩仪, 陈东, 等. 1993. 广西油料作物史. 南宁: 广西民族出版社: 1-90.
贺梁琼, 唐荣华, 周翠圆, 等. 2010. 广西地方花生种质资源的鉴定和评价. 广西农业科学, 41(12): 1281-1287.
姜慧芳, 段乃雄, 任小平. 2006. 花生种质资源描述规范和数据标准. 北京: 中国农业出版社: 1-88.
姜慧芳, 任小平. 2006. 我国栽培种花生资源农艺和品质性状的遗传多样性. 中国油料作物学报, 28(4): 421-426.
梁炫强, 李杏瑜, 陈小平, 等. 2017. 花生种质资源图鉴·第1卷. 广州: 广东科技出版社: 1-241.
刘洪, 任永浩. 2012. 花生新品种DUS测试原理与技术. 广州: 华南理工大学出版社: 1-58.
孙大容. 1998. 花生育种学. 北京: 中国农业出版社: 1-472.
唐荣华, 高国庆, 韩柱强, 等. 2001. 花生种质资源数据库建立及应用研究. 中国油料作物学报, 23(2): 70-72.
王倩仪, 蔡秀英. 1989. 广西花生种质资源脂肪酸组分分析. 广西农业科学, (3): 9-12.
万书波. 2003. 中国花生栽培学. 上海: 上海科学技术出版社: 1-190.
周翠球, 唐荣华, 韩柱强, 等. 2009. 广西特色花生种质资源性状观察与品质特性分析. 广西农业科学, 40(11): 1403-1407.
周翠球, 唐荣华, 韩柱强, 等. 2010. 广西特色花生种质资源经济性状与脂肪酸含量的分析. 广西农业科学, 41(11): 1176-1180.

索　引

A

矮藤	65
安南地豆	103
安平花生	58

B

巴马塘乐花生	143
巴内花生	10
巴英花生	220
白花豆	180
白境花生	53
白屋红花生	212
白屋花生	24
百日豆	27
百色小豆	62
板定花生	40
北岱花生	224
北海细豆	64
北海珍珠豆	63
北流鸡窝豆	116
北流钦豆	175
北龙花生	42
博白大花生	177
博白大花生（普通型）	210
博白勾腰豆	178

C

曹村细腰花生	202
岑溪鸡罩豆	115
岑溪新圩花生	171
茶杵豆	176

长塘花生	100
澄太花生	109
崇左牛角豆	186
纯德花生	227

D

达六花生	21
大路花生	37
大平花生	28
大桥筛豆	183
大桥土花生	51
大珍珠	95
丹竹大笃豆	195
德保小花生	61
东兰隘纲豆	197
对面岭花生	29

F

飞龙乡花生	161
丰乐花生	18
扶绥小花生	67
福厚红衣花生	38
福利花生	79
富川大花生	149
富川小花生	85

G

高庆红花生	230
恭城小洋子	134
共合花生	12
古林花生	106
古令花生	59

古念花生	13	兰花鸡嘴豆	128
古盘花生	47	老铺里花生	35
光坡花生	25	荔浦大挖豆	136
贵县梸豆	73	莲灯花生	9
贵县不论地	127	练江花生	211
贵县大花生	126	凌乐大花生	121
贵县滑身豆	190	柳城珍珠豆	99
贵县珍珠豆	76	柳州珍珠豆	101
桂平大花生	191	六村花生	217
桂平中豆	130	龙津大花生	187
		龙联花生	108
H		龙蟠花生	60
合山花生	86	龙潭大勾腰	179
贺县大花生	198	隆安保湾花生	158
贺县大子豆	147	芦圩小花生	104
贺县高心豆	148	陆榜花生	14
贺县青豆	199	鹿寨大花生	157
贺县小花生	84	路溪花生	222
贺县猪屎豆	200	罗城小花生	80
横县百合六屋花生	160		
横县林婆花生	159	**M**	
横县平朗细花生	203	马山合群花生	165
横县陶圩花生	162	妙田花生	41
红皮花生	114	莫村大花生	201
红衣早花生	107	莫村花生	163
黄姚花生	223	木里花生	221
		睦边大花生	122
J		睦屋拔豆	112
吉安花生	57		
江洲花生	215	**N**	
江洲小花生	32	那怀花生	56
金江花生	218	那加花生	15
		纳州花生	44
L		南江花生	213
来宾大豆	154	南面花生	52
来宾地豆	94	南宁红花生	102
来宾小豆	93	南宁三津豆	164
来宾小子花生	92	南宁小	150

南坡红皮花生 8
宁明五区峙行 124

P

培洞花生 226
平畴花生 43
平乐年年豆 138
平乐小花生 77
平乐子 137
平南大豆 194
平南红花生 72
平南石腰豆 133
平南直腰豆 132
平南直腰豆（普通型） 192
坡江小花生 68
坡罩豆 172
铺地毯 193
蒲庙花生 110
蒲庙蔓生 167
浦门花生 19

Q

钱李望种 156
青苗豆 182
清湖大花生 181
琼伍花生 48
渠齐花生 16
全县花生 78
全州方壳子 196
全州凤凰麻布 139
泉水花生 26

R

仁东薄壳鸡罩 120
容县牛角豆（1） 184
容县牛角豆（2） 185
容县铺豆 129
溶江花生 36

S

三里珍珠豆 75
三粒大花生 168
三联花生 214
三秋细花生 69
沙浪花生 118
山鸡罩 113
上坝花生 45
上禁花生 20
上林塘红花生 166
上油花生 225
狮子企 70
石别蔓生花生 146
石卡豆 131
石龙红花生 88
石门花生 50
石南花生 117
石平大藤花生 83
双良细花生 111
苏桥花生 54

T

太平小扯豆 98
探花花生 229
藤县大花生 173
藤县大马豆 205
藤县豆儿 206
藤县狗虱豆 207
天等大隆花生 125
天等大隆花生（普通型） 188
田湾花生 33

W

挖子大花生 140
弯花生 49
湾山红花生 216
涠洲豆仔 123

梧州小花生	169	瑶上小麻壳	135
武宣老花生	151	宜山大棵花生	144
武宣坡豆	87	宜山大坡豆	82
		宜山大子花生	145
		宜山花生	81

X

西江薄壳鸡窝	74	乙圩花生	39
西山花生	219	以山花生	204
细花生	66	永福大子花生	142
下那婆多粒红	228	玉林地豆	119
下塘花生	46	玉林牛角豆	209
下岩口花生	34	玉林锹豆	174
象州年年豆	152	玉林小洋花生	208
小把花生	30	玉林珍珠豆	105
小把小豆	97		
小扯子花生	31		

Z

小红袍	71	樟木大花生	153
忻城扯花生	91	昭平八月豆	155
忻城小豆	89	者艾花生	11
忻城中豆	90	珍珠豆	96
新地晚熟小花生	170	中山花生	17
		竹山红花生	22

Y

		竹山花生	23
晏村花生	55	左州大花生	189
阳朔大眼豆	141		